普通高等教育“十三五”规划教材

分析化学实验

金文英　聂瑾芳　主编

化学工业出版社

·北京·

《分析化学实验》分三篇：第一篇为定量分析化学，第二篇为综合分析实验，第三篇为创新性实验。定量分析化学包括分析化学实验的基础知识、分析化学实验的基本操作、定量分析实验和设计性实验，实验部分主要涉及滴定分析（酸碱滴定、配位滴定、氧化还原滴定、沉淀滴定）、沉淀重量分析、光度法实验等内容，共安排23个实验项目（不包括设计实验）。综合分析实验以硅酸盐全分析为主，主要进行溶样、SiO_2、Al_2O_3、Fe_2O_3、FeO、CaO、MgO、P_2O_5、TiO_2、MnO等10个项目的分析测定。创新性实验部分给出了18个设计性实验题目及4个创新性实验项目以供参考。《分析化学实验》结合理论教材内容，注意实验的应用性、实用性和适用性，强调培养学生分析化学中“量”的概念与独立解决实际分析测试问题的能力。

《分析化学实验》可作为化学化工类专业、环境类专业学生分析化学实验课程的教材，也可作为科研、生产部门有关科技人员的参考书。

图书在版编目（CIP）数据

分析化学实验/金文英，聂瑾芳主编. —北京：化学工业出版社，2019.11（2022.8重印）
普通高等教育“十三五”规划教材
ISBN 978-7-122-35808-0

Ⅰ.①分… Ⅱ.①金…②聂… Ⅲ.①分析化学-化学实验-高等学校-教材 Ⅳ.①O652.1

中国版本图书馆CIP数据核字（2019）第264125号

责任编辑：李 琰 宋林青　　装帧设计：刘丽华
责任校对：盛 琦

出版发行：化学工业出版社（北京市东城区青年湖南街13号 邮政编码100011）
印 装：北京建宏印刷有限公司
787mm×1092mm 1/16 印张11¼ 字数241千字 2022年8月北京第1版第3次印刷

购书咨询：010-64518888　　售后服务：010-64518899
网 址：http://www.cip.com.cn
凡购买本书，如有缺损质量问题，本社销售中心负责调换。

定 价：**29.80元**

《分析化学实验》编写人员名单

主　　编　金文英　聂瑾芳

编写人员　金文英　聂瑾芳　袁亚利　张连明

　　　　　谢襄漓　侯　明　张　云　胡存杰

分析化学是一门实践性很强的学科，是应用各种理论和方法获取物质在相对时空内的组成和性质信息的一门科学，其应用范围涉及国民经济、国防建设、资源开发及人类衣食住行等众多领域。分析化学课程理论和实践结合密切，是化学、化工、环境、生命、材料等理工类专业的重要专业基础理论课。近年来分析化学学科飞速发展，并与很多学科相互合作，在新兴的研究领域如化学信息学、生物信息学和新仪器研制等方面进行开拓性的工作，为相关学科的发展建立新的测试方法，为突发事件提供快速应急监控手段。通过分析化学实验课程的教学，可以加深学生对分析化学基本理论的认识与理解，熟练掌握分析化学的基本操作技能，为参加生产实践和科学研究打下一定的基础。

《分析化学实验》根据主编及其他编者多年从事分析化学及分析化学实验教学及科研经验，从当前教学实际情况出发，充分考虑分析化学的发展趋势，在选材过程中以当前国内外成熟的理论、技术、方法为基础，同时引入分析化学最新科研成果，形成了自己的特色与优势：(1) 定量分析化学部分将分析化学基本操作技术与分析化学理论紧密结合，培养学生扎实的分析化学实验技能；(2) 设计性实验部分有利于培养查阅资料更新自身知识、学生运用基本操作技能，提高实验分析、设计能力；(3) 综合性实验，其内容不仅局限于实验内容的综合，还包括实验内容、实验方法、实验手段的综合，可以提升学生对课程知识的综合运用能力，加强学生实践能力和创新精神的培养，提高学生的综合素质；(4) 通过创新性实验了解最新科技成果，使学生具备良好的科学素养和培养科学研究能力，有效融入创新创业思想和信息化技术。

本课程可在学堂在线查看：

https://www.xuetangx.com/course/hzic0703fxhxsy/11797685?channel=i.area.recent_search

限于编者的水平，疏漏与不当之处在所难免，诚挚希望有关专家、同仁和读者批评指正。

编者

2019 年 7 月

第一篇　定量分析化学

第二篇　综合分析实验

第三篇　创新性实验

附　录

第一篇

定量分析化学

第一章 分析化学实验基本知识

第一节　分析化学实验的目的和基本要求

分析化学是化学的重要分支学科之一，是一门实践性很强的学科。分析化学实验是分析化学课程的重要组成部分，是分析化学学习的一个重要环节，与分析化学理论教学紧密结合，也是化工、环境、生物、医药等专业的基础课程之一。

一、分析化学实验教学目的

通过本课程的学习，可以加深学生对分析化学基本概念和基本理论的理解；正确和较熟练地掌握分析化学实验的基本操作，学习分析化学实验的基本知识，掌握典型的化学分析方法；树立“量”的概念，运用误差理论和分析化学理论知识，找出实验中影响分析结果的关键环节，在实验中做到心中有数、统筹安排，学会正确合理地选择实验条件和实验仪器，正确处理实验数据，以保证实验结果准确可靠；培养良好的实验习惯、实事求是的科学态度、严谨细致的工作作风和坚韧不拔的科学品质；培养学生提高观察、分析和解决问题的能力，为学习后续课程和将来参加工作打下良好的基础。

二、分析化学实验基本要求

为了达到上述目的，对学生提出以下基本要求。

（一）实验预习

实验前认真预习，每次实验前必须明确实验目的和要求，了解实验步骤和注意事项，实验前写好预习报告，列好表格，做到心中有数，以便实验时及时准确记录数据。

（二）实验过程

实验过程中，要遵守实验室规则，注意安全，保持实验室内安静、整洁，实验台面保持整齐，仪器和试剂按照规定整齐有序摆放。爱护实验仪器设备，实验中如发现仪器工作不正常，应及时报告教师处理。实验中要注意节约合理使用试剂，安全使用电、水和有毒或腐蚀性的试剂。每次实验结束后，应将所用的试剂及仪器放回原位，清洗好用过的器皿，整理好实验室。要认真地学习有关分析方法的基本操作技术，在教师的指导下正确使用仪器，要严格按照规范进行操作。细心观察实验现象，及时将实验条件和现象以及分析测试的原始数据记录在实验记录本上，不得随意涂改。要勤于思考，分析问题，培养良好的实验习惯和科学作风。

（三）实验报告

根据实验记录进行认真整理、计算、分析、总结，并及时写好实验报告。实验报告一般包括实验名称、实验日期、实验目的、实验原理、主要试剂和仪器及其工作条件、实验步骤、实验数据及其分析处理、实验结果和讨论。实验报告应简明扼要，图表清晰。

三、实验数据记录与处理

实验中要认真观察，对于实验过程中的各种测量数据及有关现象，应准确而清晰地记录下来，对实验中出现的异常现象，更应即时并如实记录在实验记录本上，不得将数据随意记在书上空白处或小纸片上，数据记录采用表格形式按实验顺序记录，文字记录应完整清晰。

记录测量数据时，应注意有效数字的保留。用分析天平称量时，应记录至0.0001g，滴定管和吸量管的读数应记录至0.01mL。其他数据要依据所用仪器的精度记录到最小刻度的下一位。

在实验过程中如发现数据记录或计算有误时，不得涂改，应将其用笔划线以示删去，在旁边重新写上正确的数字，切记不能随意拼凑和伪造数据。

在定量分析中，一般要求平行测定3～5次，通常平行测定3次。分析结果的精密度通常用相对平均偏差表示。

三次结果的算术平均值为

$$\overline{x}=\frac{x_1+x_2+x_3}{3}$$

平均偏差为

$$\overline{d}=\frac{|x_1-\overline{x}|+|x_2-\overline{x}|+|x_3-\overline{x}|}{3}$$

相对平均偏差为

$$d_r=\frac{\overline{d}}{\overline{x}}\times100\%$$

四、实验报告

把实验的目的、原理、试剂、步骤、结果等记录下来，经过整理，写成的书面汇报就是实验报告。实验报告必须在认真完成实验的基础上进行。完成实验报告有利于不断积累研究资料，总结实验成果，提高实验者的观察能力，提高分析问题和解决问题的能力，培养理论联系实际的学风和实事求是的实验态度，也是对学生综合素质及能力的一种考核。实验报告要求做到内容齐全、书写工整、图表清晰、形式规范。

定量分析实验报告一般包括以下内容。

（1）实验名称、实验日期。

（2）实验目的。

（3）实验原理。简要地用文字或化学反应方程式说明。

（4）实验所用的仪器和试剂。介绍所用仪器名称、型号、数量和规格，以及试剂的名称、用量和规格。

（5）实验步骤。实验步骤即实验内容，应书写简明、扼要、准确、齐全，不要全盘抄书，应根据实验类型和具体实验内容确定繁简。

（6）实验记录与数据处理。应根据所用仪器的精度如实记录，保留正确的有效数字，实验数据采用三线表形式。分析数据的处理要以相应的计算公式为依据，计算要正确，结果要真实准确。

（7）问题和讨论。依据教师布置完成实验后面的思考题，要认真分析实验数据，分析过程中产生误差的原因，对实验中遇到的疑难问题提出自己的见解，对有关实验方法、实验内容、教学活动等提出意见或建议。

第二节 分析化学实验的安全知识与规则

一、实验室规则

（1）实验前必须预习实验内容，明确目的、要求，熟悉方法、步骤，掌握基本原理。

（2）进入实验室后按编组就位，未经教师许可，不得动用仪器与试剂。

（3）保持室内肃静、整洁，做到步轻、声低，不准打闹，不准做与实验无关的事。

（4）认真听教师讲解实验目的、步骤、仪器性能、操作方法和注意事项。

（5）实验时遵守操作规程，注意安全，防止意外事故发生，如有迹象应立即报告教师。

（6）细心观察实验现象，认真记录，实事求是地填写报告单，不允许抄袭别人的实验成果。

（7）仪器与试剂不得滥用和损坏，因违章操作损坏仪器者应当赔偿。

（8）实验完毕，必须清点仪器，摆列整齐，做好清扫工作，经老师同意后方可离室。

（9）实验室内物品一律不得私自带出实验室，损坏、丢失仪器应立即报告教师。

二、实验室安全知识

分析化学实验中，经常使用水、电、大量易破损的玻璃仪器和一些具有腐蚀性甚至易燃、易爆或有毒的化学试剂。为确保人身和实验室的安全，而且不污染环境，实验中须严格遵守实验室的安全规则。

（1）禁止将食物和饮料带进实验室，禁止吸烟，实验中注意不用手摸脸、眼等部位。一切化学药品严禁入口，实验完毕后必须洗手。

（2）禁止在实验室内大声喧哗、谈笑甚至嬉戏打闹等。进入实验室要求穿实验服，携带防护用品，禁止穿拖鞋进入实验室，女生不允许披散长发。

（3）使用浓酸、浓碱以及其他腐蚀性试剂时，切勿溅在皮肤和衣物上。涉及浓硝酸、盐酸、硫酸、高氯酸、氨水等的操作，均应在通风橱内进行。夏天开启浓氨水、盐酸时一定要先用自来水将其冷却，再打开瓶盖。使用汞、汞盐、砷化物、氰化物等剧毒品时，要实行登记制度，取用时要特别小心，切勿泼洒在实验台面和地面上，用过的废物、废液切不可乱扔，应分别回收，集中处理。实验中的其他废物、废液也要按照环保的要求妥善处理。

（4）安全使用水、电，严防火灾。一旦发生火灾，要保持镇静，先立即切断电源或燃气源，再采取针对性的灭火措施。一般的小火用湿布、防火布或沙子覆盖燃烧物至灭火。不溶于水的有机溶剂以及能与水起反应的物质如金属钠等，一旦着火，绝不能用水去浇，应用沙子覆盖或用二氧化碳灭火器灭火。如电器起火，不可用水冲，应当用四氯化碳灭火器灭火。如情况严重应立即报警。

（5）使用各种仪器时，要在教师讲解或自己仔细阅读并理解操作规程后，方可动手操作。未经许可，任何人不得私自拆卸、移动和使用实验室内仪器设施。设备出现异常情况，应找老师处理，不能自作主张。使用完毕填写仪器使用记录本（填写实验时间、实验器材、实验完成情况、仪器材料损耗情况等）。

（6）实验室由学生轮流值勤，打扫和整理实验室，离开实验室时，应仔细检查水、电、气、门窗是否关好。

（7）灼伤和割伤的处理。灼伤是指皮肤或眼睛接触到强酸、强碱或腐蚀性物质受伤，以及被高温烫伤。实验时要穿工作服，接触上述物质时要戴防护手套、防护镜，小心操作。受伤后，要及时按实验室意外事故处理措施进行处理。

三、实验室意外事故处理措施

（1）创伤：伤处不能用手抚摸，通常也不能用水洗涤。轻伤可以涂紫药水（或红汞、碘酒），必要时撒些消炎粉或敷些消炎膏，用绷带包扎。严重者需立即就医。

（2）烫伤：热水烫伤，立即用冷水或冰水浸皮肤，再涂烫伤膏。伤处皮肤未破时，可涂擦饱和碳酸氢钠溶液或用碳酸氢钠粉末调成糊状敷于伤处，也可涂抹烫伤膏；如果伤处皮肤已破，可涂些紫药水或1%高锰酸钾溶液。伤势较重者，应立即送医院。

（3）受酸腐蚀致伤：先用大量水冲洗，再用饱和碳酸氢钠溶液（或稀氨水、肥皂水）洗，最后再用水冲洗。如果酸液溅入眼内，用大量水冲洗后，立即送医院诊治。硫酸如沾到皮肤上，不可以立即用水清洗，否则将会导致烧伤，应用抹布擦去后再用大量水冲洗。严重者需立即就医。

（4）受碱腐蚀致伤：先用大量水冲洗，再用2%醋酸溶液或饱和硼酸溶液洗，最后用水冲洗。如果碱液溅入眼中，用大量水冲洗后，立即送医院诊治。

（5）受溴腐蚀致伤：先用苯或甘油洗伤口，再用水洗。

（6）受磷灼伤：用1%硝酸银、5%硫酸铜或浓高锰酸钾溶液冲洗伤口，然后包扎。

（7）吸入刺激性或有毒气体：吸入氯气、氯化氢气体时，可吸入少量酒精或乙醚的混合蒸气解毒。吸入硫化氢或一氧化碳气体而感到不适时，应立即迁移到室外呼吸新鲜空气，保持呼吸通畅。但应注意，氯气、溴中毒时不可进行人工呼吸，一氧化碳中毒时不可使用呼吸兴奋剂。

（8）毒物进入口内：将5～10mL硫酸铜稀溶液加入一杯温水中，内服后，用手指伸入咽喉部，促使呕吐，吐出毒物后，立即送医院。

（9）触电：首先切断电源，然后在必要时进行人工呼吸。

（10）皮肤被玻璃割伤：先将伤口处玻璃碎屑取出，用水冲洗伤口，再涂上碘酒或红汞药水，并加以包扎。要防止伤口接触化学药品而中毒。伤口较深者应到医院就医。

四、实验室三废处理规则

实验室三废指在化学实验过程中产生的废气、废液、废渣等有害物质。如未经过处理直接排放势必会对周边环境造成污染，且会对人体造成伤害。为了保证实验的安全进行，应遵守以下规定。

（1）进行一般实验，产生较少有害气体时，应开启通风罩、排风扇或打开窗户，使室内空气得到及时更新，以免影响实验操作人员的身体健康。对可能产生强烈刺激性或毒性较大的气体的实验，必须在通风橱中进行，并保证通风良好。

（2）实验过程中产生的各种废液不得直接倒入下水道，必须按照无机废液、重金属离子废液、有机废液分类倒入废液桶，并做好登记。

（3）废液桶上应有危险品、分类等相应标识。废液桶装满后统一转移到危险品仓库。

（4）实验过程中产生的废渣、空瓶等固体废弃物不得随意丢弃，应统一转移到危险品仓库。

（5）废液、固体废弃物等转移到危险品仓库时应做好相应登记和交接手续。

第三节　分析化学实验室用水基本常识

一、实验室用水等级

纯水是实验室常用的良好溶剂，溶解能力强，用于制备各种溶剂和洗涤仪器等。实验室用水应为无色透明的液体；从级别看，实验室用水的原水一般应为饮用水或适当纯度的水。国际标准化组织（ISO）于1983年制定了纯水的纯水标准，将纯水分为三个级别。国内参照ISO纯水标准制定了我国的纯水标准，将适用于化学分析和无机痕量分析等的实验用水分为三个级别，其中三级水适用于一般化学分析实验。

（1）由于在一级水、二级水的纯度下，难于测定其真实的pH值，对一级水、二级水的pH值范围不做规定。

（2）一级水、二级水的电导率需用新制备的水“在线”测定。

（3）由于在一级水的纯度下，难以测定可氧化物质和蒸发残渣，对其限量不做规定。可用其他条件和制备方法来保证一级水的质量。

二、实验室用水的制备

实验室中对用水的质量要求是根据所要制备的标准水样的级别和待测组分的浓度水平，选择与之相适应的纯水级别及制备方法。

（一）蒸馏法

蒸馏分单蒸馏和重蒸馏，在天然水或自来水没被污染的情况下，单蒸馏水就能接近纯水的纯度指标，但很难排除二氧化碳的溶入，水的电阻率很低，达不到MΩ·cm级，不能满足许多新技术的需要。为了使单蒸馏水达到纯度指标，必须通过二次蒸馏，又称重蒸馏。一般情况下，经过二次蒸馏，能够除去单蒸馏水中的杂质，在一周时间内能够保持纯水的纯度指标不变。

另外，蒸馏水的出水管使用前应洗刷干净，用蒸馏水充分冲洗，保持通畅，并将内部洗刷干净，更换新鲜水；在烧制蒸馏水的过程中，每个环节都应避免手或其他未经新鲜蒸馏水冲洗过的器具与蒸馏水接触，弃去头尾蒸出的水，注意出水流量的大小，一般可以用手测冷凝器外壳底部的温度，感到微烫（≥65℃），效果最佳；烧制完毕，待冷凝器冷却后需将锅内余水排尽，以防存水产生细菌。在蒸馏前，往蒸馏塔内一次性加入5%明矾100mL，能有效降低重蒸馏水含氨量。

（二）离子交换法

离子交换法采用离子交换树脂分离水中杂质，目前多采用阴、阳离子交换树脂的混合床来制备纯水，能除去原水中绝大部分盐、碱和游离酸，但不能完全除去有机物和非电介质，因此最好利用市售的普通蒸馏水或电渗水替代原水，进行离子交换处理而制备去离子水。此法可以获得十几 MΩ·cm 的去离子水，但因有机物无法去掉，TOC 和 COD 值往往比原水还高。这是因为树脂不合格，或是树脂的预处理不彻底，树脂中所含的低聚物、单体、添加剂等没有除尽，或树脂不稳定，不断地释放出分解产物，这一切都将以 TOC 或 COD 指标的形式表现出来。另外，在生产 200kg 去离子水后，树脂一定要再生，否则，达不到纯水的纯度指标。

（三）电渗析法

将离子交换树脂做成膜，用于电渗析。在电渗析过程中能除去水中电解质杂质，但对弱电解质去除效率低，它在外加直流电场作用下，利用阴阳离子交换膜对溶液中的离子分别选择性地允许阴阳离子透过，使一部分离子透过离子交换膜迁移到另一部分水中去，从而使一部分水纯化，另一部分水浓缩，再与离子交换法联用，好的电渗析器制备的纯水质量可达到三级水的水平。

三级水是最常使用的纯水，可用上述三种方法制取。除用于一般化学分析实验外，还可用于制取二级、一级水。

二级水可用多次蒸馏或离子交换法制取，主要用于仪器分析实验或无机痕量分析。

一级水可用二级水经石英蒸馏器蒸馏或阴、阳离子混合床处理后，再经 0.2μm 微孔滤膜过滤制取。主要用于超痕量（$w<10^{-6}$）分析及对微粒有要求的实验如高效液相色谱分析用水。一级水应存放在聚乙烯瓶中，临用前制备。

（四）电去离子（EDI）技术

EDI 是电渗析与离子交换有机结合的膜分离技术，在直流电场的作用下，通过隔板的水中电解质离子发生定向移动，利用交换膜对离子的选择透过作用来对水质进行提纯。高效、无污染，产品水可稳定在 18.2MΩ·cm，且能连续不断地合成纯水和高纯水，但是它对细菌的抗污染能力较低。

三、特殊需求用水的制备

（一）无氯水

加入亚硫酸钠等还原剂，将自来水中的余氯还原为氯离子，以 *N*-二乙基对苯二胺（DPD）检查不显色，用附有缓冲球的全玻璃蒸馏器进行蒸馏制取。

（二）无二氧化碳水

煮沸法制备：将蒸馏水或去离子水煮沸至少 10min，或使水量蒸发 10%以上，加盖放冷即可制得无二氧化碳水。

曝气法制备：将惰性气体或纯氮气通入蒸馏水或去离子水至饱和，即得无二氧化碳水。制得的无二氧化碳水应贮存于一个附有碱石灰管的用橡皮塞盖严的瓶中。

（三）无砷水

一般蒸馏水或去离子水多能达到基本无砷要求。应避免使用软质玻璃（钠钙玻璃）制成的蒸馏器，进行痕量砷的分析时，应使用石英蒸馏器和聚乙烯的离子交换树脂柱和贮水瓶。

（四）无铅（无重金属）水

用氢型强酸性阳离子交换树脂柱处理原水，即可制得无铅纯水。贮水器应预先进行无铅处理，用 $6mol \cdot L^{-1}$ 硝酸溶液浸泡过夜后用无铅水洗净使用。

（五）无酚水

向水中加入氢氧化钠至 pH 值大于 11，使水中酚生成不挥发的酚钠后，用全玻璃蒸馏器蒸馏制得（蒸馏前可加少量高锰酸钾溶液使水呈紫红色，再进行蒸馏）。

（六）不含有机物的蒸馏水

加少量高锰酸钾碱性溶液于水中，使水呈紫红色，再以全玻璃蒸馏器进行蒸馏制得（整个过程应使水呈紫红色，否则应随时补加高锰酸钾）。

四、实验室的用水贮存

纯水的科学管理和合理使用是纯水纯度的保障，工作人员要认真负责，必须保持盛装纯水的容器洁净（新容器使用前需用 20％盐酸溶液浸泡 2～3d）且不宜过大。首先用自来水涮洗三遍，然后再用纯水涮洗三遍，方可盛装。盛装完毕和无菌操作使用纯水后，应及时对容器进行封闭，确保纯水不被污染。各级水均使用密闭的、专用聚乙烯容器。三级水也可使用密闭的、专用玻璃容器。

贮存期污染的主要来源是容器可溶成分的溶解、空气中二硫化碳和其他杂质。因此，一级水不可贮存，使用前制备。二级水和三级水可适量制备，分别贮存于预先经同级水清洗过的相应容器中。

我国国家标准规定：一级水用于严格要求的分析实验，包括对悬浮颗粒有要求的实验，如高效液相色谱分析用水；二级水用于无机痕量分析试验，如原子吸收光谱分析；三级水用于一般化学分析实验。

第四节　分析化学实验室基本常识

一、玻璃器皿的洗涤

实验中所使用的玻璃器皿清洁与否直接影响实验结果。由于器皿的不清洁或被污染，往往造成较大的实验误差，甚至会出现相反的实验结果。因此，玻璃器皿的洗涤清洁工作非常重要。分析化学实验中使用的玻璃器皿应洁净透明，其内外壁能为水均匀地润湿且不挂水珠。

玻璃器皿在使用前必须洗刷干净。将锥形瓶、试管、培养皿等浸入含有洗涤剂的水中，用毛刷刷洗，然后用自来水及蒸馏水冲洗。移液管先用含有洗涤剂的水浸泡，再用自来水及蒸馏水冲洗。洗刷干净的玻璃器皿置于烘箱中烘干备用。

（一）洗涤方法

洗涤分析化学实验用的玻璃器皿时，一般要先洗去污物，用自来水冲净洗涤液，至内壁不挂水珠后，再用纯水（蒸馏水或去离子水）淋洗三次。去除油污的方法视器皿而异，烧杯、锥形瓶和离心管等可用毛刷蘸合成洗涤剂刷洗。滴定管、移液管、吸量管和容量瓶等具有精密刻度的玻璃量器，不宜用刷子刷洗，可以用合成洗涤剂浸泡一段时间。若仍不能洗净，可用铬酸洗液洗涤。洗涤时先尽量将水沥干，再倒入适量铬酸洗液洗涤，注意用完的洗液要倒回原瓶，切勿倒入水池。光学玻璃制成的比色皿可用热的合成洗涤剂或盐酸-乙醇混合液浸泡内外壁数分钟（时间不宜过长）。

（二）常用的洗涤剂

（1）铬酸洗液：是饱和 $K_2Cr_2O_7$ 的浓溶液，具有强氧化性，能除去无机物、油污和部分有机物。其配制方法是：称取 10g $K_2Cr_2O_7$（工业级）于烧杯中，加入约 20mL 热水溶解后，在不断搅拌下，缓慢加入 200mL 浓 H_2SO_4，冷却后，转入玻璃瓶中，备用。铬酸洗液可反复使用，其溶液呈暗红色，当溶液呈绿色时，表示已经失效，须重新配制。铬酸洗液腐蚀性很强，且对人体有害，使用时应特别注意安全，不可将其倒入水池。

（2）合成洗涤剂：主要是洗衣粉、洗洁精等，适用于去除油污和某些有机物。

（3）盐酸-乙醇溶液：是化学纯盐酸和乙醇（1∶2）的混合溶液，用于洗涤被有色物污染的比色皿、容量瓶和移液管等。

（4）有机溶剂洗涤液：主要是丙酮、乙醚、苯或 NaOH 的饱和乙醇溶液，用于洗去聚合物、油脂及其他有机物。

二、常用化学试剂

（一）化学试剂分类和规格

化学试剂种类繁多，按其纯度、种类和用途可分为一般试剂、基准试剂、高纯试剂、专用试剂、指示剂和试纸、生化试剂、临床试剂等。下面简单介绍其中几种。

1. 一般试剂

一般试剂是实验室最普遍使用的试剂，按其杂质含量的多少主要分为三个等级。一般试剂的级别、规格、标签颜色以及适用范围见表 1-1。

2. 基准试剂（JZ，绿标签）

基准试剂是指主成分含量高、杂质少、稳定性好、化学组成恒定的物质。基准试剂是用来衡量其他物质化学量的标准物质，可标定标准溶液，或直接用于配制标准溶液。

表 1-1　一般试剂的种类及适用范围

级别	一	二	三	生化试剂
名称	优级纯	分析纯	化学纯	生物试剂
英文名称	guarantee reagent	analytical reagent	chemical pure	biological reagent
英文缩写	GR	AR	CP	BR
标签颜色	深绿色	红色	蓝色	咖啡色等
适用范围	精密分析和科学研究	一般分析和科学研究	一般定性和化学制备	生物化学实验

3. 高纯试剂

纯度远高于优级纯的试剂称为高纯试剂，是在通用试剂基础之上发展起来的，为专门的使用目的而用特殊方法生产的纯度最高的试剂。高纯试剂要求严格控制杂质含量，规定检测的杂质项目比同种优级纯或基准试剂多 1～2 倍。一般以 9 来表示试剂纯度，如杂质总含量不高于 $1.0\times10^{-2}\%$，其纯度为 4 个 9（99.99%），简写为 4N。高纯试剂可能含有组成不定的水分和气体杂质，其组成和化学式不一定准确相符，所以不能用于标准溶液的配制（单质氧化物除外），主要用于微量或痕量分析中试样的分解及试液的制备。

4. 专用试剂

专用试剂即具有专门用途的试剂。各类仪器分析中所用试剂，如色谱分析标准试剂、气相色谱载体及固定液、液相色谱填料、薄层分析试剂、紫外及红外光谱纯试剂、核磁共振波谱分析用试剂等均是专用试剂。与高纯试剂相似，专用试剂主体含量较高，杂质含量很低。如光谱纯试剂的杂质含量用光谱分析方法已测定不出或者杂质的含量低于某一限度，它主要用作光谱分析中的标准物质，但不能作为化学分析的基准试剂。

（二）化学试剂存放和使用

1. 化学试剂的选择

分析工作中应结合具体的实验要求，根据分析对象的组成、含量、对分析结果准确度的要求和分析方法的灵敏度，合理地选用相应级别和规格的试剂。化学分析实验通常使用分析纯试剂；仪器分析实验一般使用优级纯、分析纯或专用试剂。如果实验对主体含量要求高，宜选用分析纯试剂，若对杂质含量要求高，则要选用优级纯或专用试剂。

2. 化学试剂的存放

使用和存放化学试剂时一定要按照安全操作规程和安全管理规程使用和存放。要依据物质自身的物理化学性质，采取措施降低或杜绝化学试剂变性、自然损耗，方便试剂取用。一般氧化剂和还原剂应密闭、避光保存并隔开存放。易挥发试剂应低温存放；易燃易爆试剂要贮存于避光、阴凉通风的地方。剧毒危险品要由专人专柜妥善保管。所有试剂瓶上应标签完好。

3. 化学试剂的取用

在取用和使用任何化学试剂时，首先要做到"三不"：即不能用手接触药品，不可直接闻气味，不得品尝任何药品的味道。注意节约药品，严格按照实验规定用量取用。此外还应注意试剂瓶塞或瓶盖打开后要倒放在实验台面上，取用后立即塞紧盖好。防止试剂污染变质而不能使用，甚至可能引起意外事故。

(1) 固体试剂的取用：固体试剂一般用洁净干燥的药匙取用，并尽量送入容器底部。特别是固体粉末容易散落或沾在容器口和壁上，可将其倒在折成槽形的纸条上，并使容器倾斜，将纸槽小心伸入容器底部，竖起容器让试剂全部落入容器底部。

块状固体用镊子夹取，送入容器时，务必先使容器倾斜，使之沿器壁慢慢滑入器底。

取用试剂后的镊子或药匙务必擦拭干净，不留残余物，绝不能一匙多用。

(2) 试液的取用：用少量试液时可使用胶头滴管吸取。取量较多时则采用直接倾泻法。从试剂瓶中将液体倾入容器时，把试剂瓶上贴有标签的一面握在手心，另一手将容器斜持，并使瓶口与容器口相接触，逐渐倾斜试剂瓶，倒出液体，使其沿着容器壁流入容器，或沿着洁净的玻璃棒将液体试剂引流入大口容器或容量瓶内。取出所需量后，逐渐竖起试剂瓶，把瓶口剩余的液滴转入容器中去，以免液滴沿着试剂瓶外壁流下。

若实验中无规定剂量，一般取用 1.0～2.0mL。定量使用时，则可根据要求选用量器、滴定管或移液管。多取的试剂不能倒回原瓶，更不能随意废弃，应倒入指定容器内供他人使用。

若取用有毒试剂，必须在教师指导下，严格遵照规则取用。

第五节 溶液的配制和分析化学中的计算

一、基准物质和标准溶液

在国民经济的许多部门及科学研究中，都离不开分析测试工作。为保证测定结果准确可靠，具有公认的可比性，必须使用基准物质溶液或用基准物质标定某一溶液准确浓度、校准仪器和评价分析方法。在分析化学中常用的基准物质有纯金属和纯化合物等。

(一) 滴定分析标准溶液的配制方法

标准溶液是指已知其准确浓度的溶液（常用四位有效数字表示），是滴定分析中进行定量计算的依据之一。标准溶液的配制方法一般有以下两种。

1. 直接配制法

滴定分析中常用的基准物质（工作基准试剂和某些纯金属）见表 1-2，具有确定的化学组成，其组成与化学式相符，纯度高（主体含量大于 99.9%），在空气中稳定，可以直接配成标准溶液。

表 1-2 滴定分析中常用的基准物质

基准物质	化学式	干燥条件/℃(至恒重)	标定对象
无水碳酸钠	Na_2CO_3	270～300	酸
硼砂	$Na_2B_4O_7 \cdot 10H_2O$	放在含 NaCl 和蔗糖饱和溶液的干燥器中	酸
邻苯二甲酸氢钾	$KHC_8H_4O_4$	105～110	碱
草酸	$H_2C_2O_4 \cdot 2H_2O$	室温空气干燥	碱或 $KMnO_4$
重铬酸钾	$K_2Cr_2O_7$	140	还原剂
溴酸钾	$KBrO_3$	130	还原剂
碘酸钾	KIO_3	130	还原剂
铜	Cu	室温干燥器中保存	还原剂
三氧化二砷	As_2O_3	室温干燥器中保存	还原剂
草酸钠	$Na_2C_2O_4$	105～110	$KMnO_4$
碳酸钙	$CaCO_3$	110	EDTA
锌	Zn	室温干燥器中保存	EDTA
氧化锌	ZnO	800	EDTA
氯化钠	NaCl	500～550	$AgNO_3$
硝酸银	$AgNO_3$	H_2SO_4 干燥器	氯化物或硫氰酸盐

配制一定体积、一定物质的量浓度的标准溶液，过程分为五步：称量、溶解、转移、定容、摇匀。即在分析天平上准确称取一定质量的某物质，溶解于适量蒸馏水后定量转入容量瓶中，然后稀释定容并摇匀。根据溶质的质量和容量瓶的体积，即可计算出该溶液的准确浓度。

称量时，应该严格按照分析天平使用规则和称量的规范操作进行，应掌握溶解、转移和定容的操作要领，溶解时小心搅拌，防止溅失，转移时沿玻璃棒小心倾倒，洗涤烧杯内壁数次，准确定容至一定体积，摇匀则是为了使所得溶液各个部分的浓度均匀，可避免加水稀释时上下浓度不同造成实际取出的溶液浓度不符合要求。这种配制方法简单，但成本高，不宜大批量使用，且很多标准溶液无法用合适的基准物质直接配制（如 NaOH、HCl、$KMnO_4$ 等）。

2. 间接配制法（标定法）

间接配制法是最普遍使用的方法，即先用分析纯试剂配成近似浓度的溶液，然后用一定质量的另一基准物质与其定量反应，或者与另一种已知准确浓度的标准溶液反应来确定其准确浓度。

标定时，要注意保持标定和测定条件相同或相近，以减少系统误差。

基准物质要按照规定的方法预先进行干燥，配制标准溶液应选用符合实验要求的纯水，络合滴定和沉淀滴定一般要求三级水以上，其他标准溶液通常使用三级水。

标准溶液应密闭保存，避免阳光直射，见光易分解的标准溶液用棕色试剂瓶储存。使用前应将溶液摇匀。标准溶液的标定周期一般为 1～2 个月。

（二）仪器分析标准溶液的配制方法

仪器分析种类繁多，不同的仪器分析方法对试剂的要求也不相同，即使同种仪器分析方法，当分析对象不同时所用试剂的级别也可能不同。配制仪器分析中的标准溶液可能用到专门试剂、高纯试剂、纯金属、基准物质、优级纯试剂及分析纯试剂等。配制用水应为二级水。

仪器分析标准溶液常用质量浓度（$\mu g \cdot mL^{-1}$、$g \cdot L^{-1}$）或物质的量浓度（$mol \cdot L^{-1}$）表示。由于仪器分析标准溶液的浓度比较低，保质期较短，通常先配制成比操作溶液高1～3个数量级的浓溶液作为储备液，临用前稀释或逐次稀释至所需浓度。某些金属离子的标准储备液宜储存在聚乙烯瓶中，以防止在存放过程中容器对标准溶液的污染和吸附。

（三）标准缓冲溶液的配制方法

用酸度计测量溶液pH时，必须先用pH基准试剂配制的标准缓冲溶液对仪器进行校准（定位），标准缓冲溶液的浓度用质量摩尔浓度单位$mol \cdot kg^{-1}$表示，并接近待测溶液的pH。标准缓冲溶液的pH是在一定温度下，经过实验精确测定的，表1-3是几种常用的标准缓冲溶液。

表1-3 几种常用的标准缓冲溶液

标准缓冲溶液	pH(实验值,25℃)
饱和酒石酸氢钾($0.034mol \cdot kg^{-1}$)	3.56
邻苯二甲酸氢钾（$0.050mol \cdot kg^{-1}$）	4.01
KH_2PO_4（$0.025mol \cdot kg^{-1}$）-Na_2HPO_4（$0.025mol \cdot kg^{-1}$）	6.86
硼砂（$0.010mol \cdot kg^{-1}$）	9.18

注：浓度单位常用$mol \cdot L^{-1}$，在文献中为$mol \cdot kg^{-1}$。

二、溶液的浓度

溶液的浓度、溶液的配制和分析化学中的计算式三者之间是互相联系的。首先来讨论其计算式。

（一）溶液浓度表示方法及其计算式

（1）摩尔质量M：其意义是质量m除以物质的量n：

$$M=\frac{m}{n} \tag{1}$$

单位为$g \cdot mol^{-1}$。此单位作为摩尔质量的单位时，任何物质的摩尔质量在数值上等于该物质的原子量或分子量。

（2）摩尔体积V_m：其意义是体积V除以物质的量n：

$$V_m=\frac{V}{n} \tag{2}$$

（3）物质的量浓度：分析化学中常简称为浓度。其意义是物质的量 n 除以溶液的体积 V：

$$c=\frac{n}{V} \tag{3}$$

（4）质量 m、摩尔质量 M、物质的量 n 和浓度 c 的关系：将式(1) 代入式(3) 得：

$$c=\frac{n}{V}=\frac{m}{MV} \tag{4}$$

（5）用固体物质配制溶液的计算式：由式(4) 得：

$$m=cVM \tag{5}$$

单位为 g。欲配制某物质（其摩尔质量为 M）溶液的浓度为 c、体积为 V（以 L 为单位）时，其质量 m 应用式(5) 进行计算。

（6）物质的质量浓度 ρ_B：其意义是质量 m 除以溶液体积 V：

$$\rho_B=\frac{m}{V} \tag{6}$$

单位为 $g \cdot L^{-1}$。在吸光光度法的标准溶液系列中，滴定分析的一般试剂，如指示剂浓度为 $2g \cdot L^{-1}$（即 0.2%）、$50g \cdot L^{-1}$ $KMnO_4$（即 5% $KMnO_4$）等，有些教材或论文仍继续使用 0.2%和 5%等表示方法。

（7）质量摩尔浓度 b_B：其意义是物质的量 n 除以质量 m：

$$b_B=\frac{n}{m} \tag{7}$$

单位为 $mol \cdot kg^{-1}$，它多在标准缓冲溶液的配制中使用。

（二）分析化学中常用的量及其单位的名称与符号

分析化学中常用的量及其单位的名称和符号如表 1-4 所示。

表 1-4　分析化学中常用的量及其单位的名称和符号

量的名称	量的符号	单位名称	单位符号	代用单位
原子量	A	（量纲为 1）		
分子量	M	（量纲为 1）		
物质的量	n	摩(尔)	mol	mmol(毫摩尔)等
摩尔质量	M	千克每摩	$kg \cdot mol^{-1}$	$g \cdot mol^{-1}$等
摩尔体积	V_m	立方米每摩	$m^3 \cdot mol^{-1}$	$L \cdot mol^{-1}$等
物质的量浓度	c	摩每立方米	$mol \cdot m^{-3}$	$mol \cdot L^{-1}$等
质量摩尔浓度	b_B	摩每千克	$mol \cdot kg^{-1}$	
质量浓度	ρ_B	千克每立方米	$kg \cdot m^{-3}$	$g \cdot mL^{-1}$等
质量分数	w	（量纲为 1）		
质量	m	千克	kg	g、mg 等
摄氏温度	t	摄氏度	℃	
密度	ρ	千克每立方米	$kg \cdot m^{-3}$	$g \cdot cm^{-3}$等

续表

量的名称	量的符号	单位名称	单位符号	代用单位
相对密度	d	（量纲为1）		
压力、压强	p	帕（斯卡）	Pa	1atm=101325Pa 1mmHg=133.322Pa
体积	V	立方米	m^3	L、mL等
试样质量	m_s	千克	kg	g等

对分析化学中习惯使用的（1+2）HCl溶液（此处为体积比，$V_{浓HCl}:V_{水}=1:2$）的表示方法，本教材将继续沿用，但不作为一种浓度单位使用。

三、分析化学中的计算

（一）化学计量式

对一个化学反应：

$$aA+bB = cC+dD \tag{8}$$

A物质和B物质在反应达到化学计量点时，其物质的量的关系为

$$n_A=\frac{a}{b}n_B \quad 或 \quad n_B=\frac{b}{a}n_A \tag{9}$$

$\frac{a}{b}$或$\frac{b}{a}$称为A物质与B物质间的化学计量数比。

（1）两种溶液间的计量关系，例如用NaOH标准溶液（A）滴定H_2SO_4（B）溶液时，反应式为

$$2NaOH+H_2SO_4 = Na_2SO_4+2H_2O$$

其计量关系式是：

$$c_AV_A=\frac{a}{b}c_BV_B \qquad \left(\frac{a}{b}=\frac{2}{1}\right) \tag{10}$$

（2）固体物质（A）与溶液间的计量关系，例如用基准物质标定溶液浓度时，其计算式为

$$\frac{m_A}{M_A}=\frac{a}{b}c_BV_B \tag{11}$$

式(11)亦可很方便地用于计算所需待测物质或所需基准物质的质量，即

$$m_A=\frac{a}{b}cVM_A$$

例如，用草酸标定约$0.1mol\cdot L^{-1}$ NaOH溶液，欲使滴定消耗NaOH 25mL左右，则草酸所需质量约为：

$$m=\frac{1}{2}\times 0.1mol\cdot L^{-1}\times 25\times 10^{-3}L\times 126g\cdot mol^{-1}\approx 0.16g$$

$$M_{H_2C_2O_4 \cdot 2H_2O}=126.07\text{g} \cdot \text{mol}^{-1}$$

（3）质量分数计算式，当用物质 B 标准溶液测定物质 A 的含量时，其间关系式为

$$w_A=\frac{\frac{a}{b}c_B V_B M_A}{m_s} \tag{12}$$

物质 A 的质量分数，根据 SI 单位用质量分数 0.XXXX 表示。分析化学中可以乘 100%，用百分数表示。

（4）滴定度的计算式，用物质 A 的标准溶液滴定物质 B 时，A 物质对 B 物质的滴定度 $T_{B/A}$的计算式为：

$$T_{B/A}=\frac{\frac{b}{a}c_A M_B}{1000} \tag{13}$$

式中，c 为物质的量浓度，$\text{mol} \cdot \text{L}^{-1}$；$V$ 为溶液的体积，L；M 为物质的摩尔质量，$\text{g} \cdot \text{mol}^{-1}$；$w$ 为物质的质量分数；T 为滴定度，$\text{g} \cdot \text{mL}^{-1}$；$m_s$为试样的质量，g。

（5）基本单元的表述及其计算式，根据 SI 计量单位的规定，在使用摩尔定义时有一条基本原则：即必须指明物质的基本单元。基本单元可以是原子、分子、离子和它们的特定的组合。例如，1mol CaO、1mol $\frac{1}{2}$CaO、1mol H_2SO_4、1mol $\frac{1}{2}H_2SO_4$、c_{KMnO_4}、$c_{\frac{1}{5}KMnO_4}$、$c_{\frac{1}{6}K_2Cr_2O_7}$、$M_{H_2SO_4}$、$M_{K_2Cr_2O_7}$等，这里，1mol $\frac{1}{2}$CaO 中，“$\frac{1}{2}$”称为基本单元系数 b，而“$\frac{1}{2}$CaO”称为 CaO 的基本单元。

同一物质在用不同基本单元表述时，其摩尔质量 M、物质的量 n，物质的量浓度 c 有下面三个重要的计算式。

（1）摩尔质量的计算式为

$$M_{b_A}=bM_A \tag{14}$$

例如，Ca 的摩尔质量 $M_{Ca}=40.08\text{g} \cdot \text{mol}^{-1}$，若以“$\frac{1}{2}$Ca”为基本单元时，则 $M_{\frac{1}{2}Ca}=\frac{1}{2}\times 40.08\text{g} \cdot \text{mol}^{-1}=20.04\text{g} \cdot \text{mol}^{-1}$。

（2）物质的量 n 的计算式为

$$n_{b_A}=\frac{1}{b}\times M_A \tag{15}$$

例如，已知 $c_{H_2SO_4}=1.5\text{mol}$ 时，若以“$\frac{1}{2}H_2SO_4$”为基本单元，则

$$n_{\frac{1}{2}H_2SO_4}=\frac{1}{\left(\frac{1}{2}\right)}\times 1.5\text{mol}=3.0\text{mol}$$

（3）物质的量浓度 c 的计算式为

$$c_{b_A}=\frac{1}{b}c_A \tag{16}$$

例如，已知 $c_{H_2C_2O_4}=0.1000mol\cdot L^{-1}$ 时，若以“$\frac{1}{2}H_2C_2O_4$”为基本单元，则：$c_{\frac{1}{2}H_2C_2O_4}=\frac{1}{\left(\frac{1}{2}\right)}\times 0.1000mol\cdot L^{-1}=0.2000mol\cdot L^{-1}$。

总之，用固体试剂配制溶液时，必须正确运用式(5)、式(14)、式(15)、式(16)，主要是掌握基本单元的应用。

在台秤或分析天平上称出所需量固体试剂，于烧杯中先用适量水溶解，再稀释至所需的体积。试剂溶解时若有放热现象，或加热促使溶解，应待冷却后，再转入试剂瓶中或定量转入容量瓶中。配好的溶液，应马上贴好标签，注明溶液的名称、浓度和配制日期。

有一些易水解的盐，配制溶液时，需加入适量酸，再用水或稀酸稀释。有些易被氧化或还原的试剂，常在使用前临时配制，或采取措施，防止氧化或还原。易侵蚀或腐蚀玻璃的溶液，不能盛放在玻璃瓶内，如氟化物应保存在聚乙烯瓶中，装苛性碱的玻璃瓶应换成橡皮塞，最好也盛于聚乙烯瓶中。

配制指示剂溶液时，需称取的指示剂量往往很少，这时可用分析天平称量，但只要读取两位有效数字即可；要根据指示剂的性质，采用合适的溶剂，必要时还要加入适当的稳定剂，并注意其保存期；配好的指示剂一般贮存于棕色瓶中。

配制溶液时，要合理选择试剂的级别，不要超规格使用试剂，以免造成浪费；也不要降低规格使用试剂，以免影响分析结果。经常并大量使用的溶液，可先配制成使用浓度的10倍的储备液，需要用时取储备液稀释即可。

(二) 标准溶液的配制和标定

标准溶液通常有两种配制方法。

1. 直接法

用分析天平准确称取一定量的基准试剂，溶于适量的水中，再定量转移到容量瓶中，用水稀释至刻度。根据称取试剂的质量和容量瓶的体积，计算它的准确浓度。基准物质是纯度很高、组成一定、性质稳定的试剂，纯度相当于或高于优级纯试剂的纯度。基准物质可用于直接配制标准溶液或用于标定溶液浓度的物质。作为基准试剂应具备下列条件。

(1) 试剂的组成与其化学式完全相符；

(2) 试剂的纯度应足够高（一般要求纯度在99.9%以上），而杂质的含量应少到不至于影响分析的准确度；

(3) 试剂在通常条件下应该稳定；

(4) 试剂参加反应时，应按反应式定量进行，没有副反应。

常用的基准物质见附录6。

2. 标定法

实际上只有少数试剂符合基准试剂的要求。很多试剂不宜用直接法配制标准溶液，而要用间接的方法，即标定法。在这种情况下，先配成接近所需浓度的溶液，然后用基准试剂或另一种已知准确浓度的标准溶液来标定它的准确浓度。

在实际工作中，特别是在工厂实验室，还常采用“标准试样”来标定标准溶液的浓度。“标准试样”含量是已知的，它的组成与被测物质相近。这样标定标准溶液浓度与测定被测物质的条件相同，分析过程中的系统误差可以抵消，结果准确度较高。

贮存的标准溶液，由于水分蒸发，水珠凝于瓶壁，使用前应将溶液摇匀。如果溶液浓度有了改变，必须重新标定。对于不稳定的溶液应定期标定。必须指出，使用不同温度下配制的标准溶液，若从玻璃的膨胀系数考虑，即使温度相差30℃，造成的误差也不大。但是，水的膨胀系数约为玻璃的10倍，当使用温度与标定温度相差10℃以上时，就应注意这个问题。

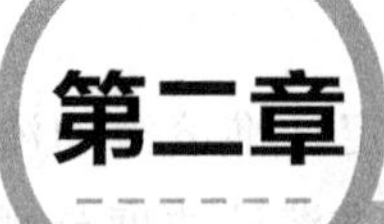

第二章 分析化学实验的基本操作

第一节 电子天平

分析天平是定量分析操作中最主要、最常用的仪器，常规的分析操作都要使用天平，天平的称量误差直接影响分析结果。因此，必须了解常见天平的结构，学会正确的称量方法。分析化学实验用到的天平有以下两类：普通的托盘天平和电子天平。普通的托盘天平采用杠杆平衡原理，使用前须先调节调平螺丝调平。称量误差较大，一般用于对质量精度要求不太高的场合。调节1g以上质量使用砝码，1g以下质量使用游标。砝码不能用手去拿，要用镊子夹。电子天平是新一代的天平，根据电磁力平衡原理，直接称量，全量程不需要砝码，放上被测物质后，在几秒钟内达到平衡，直接显示读数，具有称量速度快、精度高的特点。称量时，根据不同的称量对象选择不同的天平，根据实际情况选用合适的称量方法操作。一般称量使用普通托盘天平即可，对于质量精度要求高的样品和基准物质应使用电子天平来称量。

一、电子天平的工作原理

电子天平是最新一代的天平，如图2-1所示，采用了现代电子控制技术，利用电磁力平衡原理实现称重。即测量物体时采用电磁力与被测物体重力相平衡的原理实现测量，当秤盘上加上或除去被称物时，天平则产生不平衡状态，此时可以通过位置检测器检测到线圈在磁钢中的瞬间位移，经过电磁力自动补偿电路使其电流变化以数字方式显示出被测物

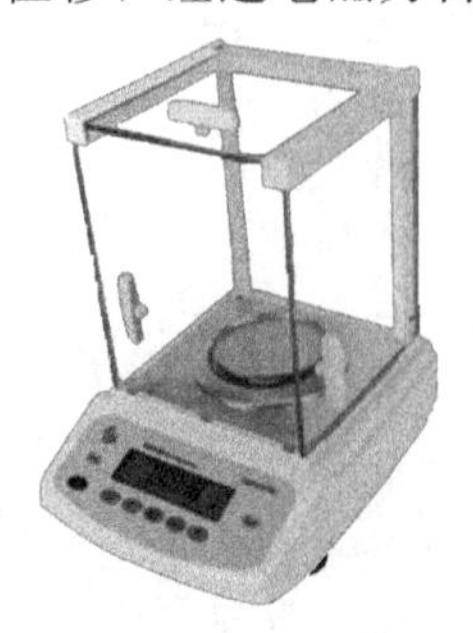

图2-1 电子天平

体质量。它的支撑点采取弹簧片代替机械天平的玛瑙刀口，用差动变压器取代升降枢装置，用数字显示代替指针刻度。因此具有体积小、使用寿命长、性能稳定、操作简便和灵敏度高的特点。此外，电子天平还具有自动校正、自动去皮、超载显示、故障报警等功能。

电子天平在使用过程中，其传感器和电路在工作过程中受温度影响，或传感器随工作时间变化而产生的某些参数的变化，以及气流、振动、电磁干扰等环境因素的影响，都会使电子天平产生漂移，造成测量误差。因此要尽量避免或减少在这些环境下使用。

二、电子天平的使用规则

（1）称量前先将天平罩取下叠好，检查天平是否处于水平状态，用软毛刷清刷天平，检查和调整天平的零点。

（2）天平的前门不得随意打开，它主要供安装、调试和维修天平时使用。称量时应关好侧门。化学试剂和试样都不得直接放在秤盘上，应放在干净的表面皿、称量瓶或坩埚内；具有腐蚀性的气体或吸湿性物质，必须放在称量瓶或其他适当的密闭容器中称量。

（3）在开关门、放取称量物时，动作必须轻缓，切不可用力过猛或过快，以免造成天平损坏。

（4）称量数据应记录在实验记录本上，不得记在纸片或书上。

（5）天平的载重不能超过天平的最大负载。在同一次实验中，应尽量使用同一台天平，以减少称量误差。

（6）称量的物体必须与天平内的温度一致，不得把热的或冷的物体放进天平称量，对于过热或过冷的称量物，应使其回到室温后方可称量。为了防潮，在天平内应放置干燥剂。

（7）称量完毕，关闭天平，取出称量物。清洁天平，关好侧门。然后检查零点，将使用情况登记在天平使用登记簿上，再切断电源，最后罩上天平罩，打扫台面，将坐凳放回原处。

三、电子天平的称量方法

（一）直接称量法

直接称量法用于称量干燥的、不易潮解或升华、在空气中性质稳定的固体试样的质量，如金属、矿样、小烧杯等。例如，称量某小烧杯的质量：关好天平门，调整天平零点（按 TARE 键清零）。打开天平门，将小烧杯放入托盘中央，关闭天平门，待稳定后读数。记录后打开天平门，取出烧杯，关好天平门。

（二）固定质量称量法

固定质量称量法又称增量法，用于称量某一固定质量的试剂或试样。这种称量操作的速度很慢，适用于称量不易吸潮，在空气中能稳定存在的金属、合金的粉末或小颗粒（最小颗粒应小于 0.1mg）样品，以便精确调节其质量。本操作可以在天平中进行，先按直接称量法称取盛试样器皿的质量。然后去皮，再用药匙将样品逐步加入放试样的器皿中，接近所需称样量时，用左手手指轻击右手腕部，将药匙中样品慢慢震落于容器内，当达到所需质量时停止加样，关上天平门，显示平衡后即可记录所称取试样的质量。记录后打开天平门，取出容器，关好天平门。

若加入量超出，则需重称试样，已取出试样必须弃去，不能放回试剂瓶中。操作中不能将试剂撒落到容器以外的地方。称好的试剂必须定量转入接收器中，不能有遗漏。

(三) 递减称量法

递减称量法又称减量法，用于称量一定范围内的样品和试剂，主要针对易挥发、易吸水、易氧化和易与二氧化碳反应的物质。用滤纸条从干燥器中取出称量瓶，放在天平上称得质量，然后按 TARE 键清零。用滤纸条取出称量瓶，用纸片夹住瓶盖柄打开瓶盖，在接收器的上方倾斜瓶身，用瓶盖轻击瓶口使试样缓缓落入接收器中，如图 2-2 所示。当估计试样接近所需量时，继续用瓶盖轻击瓶口，同时将瓶身缓缓竖直，用瓶盖敲击瓶口上部，使粘于瓶口的试样落入瓶中，盖好瓶盖。再将称量瓶放入天平，显示的质量减少量即为试样质量。

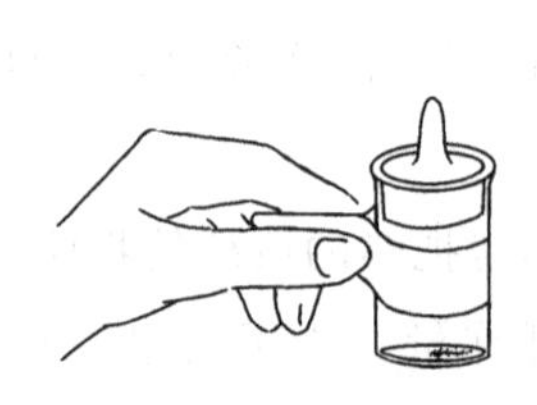

图 2-2 减量法

若敲出质量多于所需质量时，则需重称，已取出试样不能回收，须弃去。

称量结束后，按 OFF 键关闭天平，将天平还原。在天平的使用记录本上记下称量操作的时间和天平状态，并签名。整理好台面之后方可离开。

四、调整电子天平水平的方法

电子天平在称量过程中会因为摆放位置不平而产生测量误差，称量精度越高，误差就越大（如：精密分析天平、微量天平），为此大多数电子天平都提供了调整水平的功能。电子天平一般有两个调平底座，一般位于后面，也有位于前面的。旋转这两个调平底座，就可以调整天平水平。电子天平后面或前面有一个水准泡。水准泡必须位于液腔中央，否则称量不准确。调好之后，应尽量不要搬动，否则，水准泡可能发生偏移，需重调。

(1) 旋转左或右调平底座，把水准泡先调到液腔中央线。单独旋转一个左或右调平底座，其实是调整天平的倾斜度，肯定可以将水准泡调到中央线。关键是调哪一个调平底座。初学者可以这样判断，先手动倾斜电子天平，使水准泡达到中央线，然后看调平底座，哪一个高了，或者低了，调整其中一个调平底座的高低，就可以使水准泡移动到中央线。达到中央线之后，才能采用下一个步骤。

（2）同时旋转电子天平的两个调平底座，幅度必须一致，都须按顺时针或者逆时针，让水准泡在中央线移动，最终移动到液腔中央。调平底座同时顺时针或者逆时针旋转，则天平倾斜度不变，这样水准泡就不会脱离中央线，只要旋转方向没有问题，就肯定可以达到液腔中央。

注意：同时顺时针或者逆时针旋转：双手同时旋转调平底座（一只手向胸前，一只手向胸外，方向相反，一般就是同时顺时针或者逆时针旋转底座）；方向问题：初学者不大容易判断方向。可手动抬高电子天平底座或另一个支座，使水泡向中央移动，再观察调平底座的位置，看是需要调高还是需要调低。

第二步操作时两手幅度必须一致。如果不一致，液珠就会偏移中央线。如果偏移了，从第一步重新开始就可以了。

第二节　滴定分析的仪器和基本操作

在滴定分析中，滴定管、容量瓶、移液管、吸量管和移液器是准确测量溶液体积的量器。通常体积测量的相对误差比称量要大，而分析结果的准确度是由误差最大的那项因素所决定的。因此，必须准确测量溶液的体积才能得到正确的分析结果。溶液体积测量的准确度不仅取决于所用量器是否准确，更重要的是取决于准备和使用量器是否正确。现将滴定分析常用器皿及其基本操作分述如下。

一、滴定管

滴定管是滴定时用来准确测量流出标准溶液体积的量器。它的主要部分是用细长而且内径均匀的玻璃管制成，上面刻有均匀的分度线，下端的流液口为一尖嘴，中间以玻璃旋塞或乳胶管连接以控制滴定速度。常量分析用的滴定管标称容量为 50mL 和 25mL，还有标称容量为 10mL、5mL、2mL、1mL 的半微量或微量滴定管。常量分析用的标称容量为 50mL 滴定管，最小刻度为 0.1mL，读数可估计到 0.01mL。

滴定管一般分为两种：一种是酸式滴定管，另一种是碱式滴定管（图 2-3）。酸式滴定管的下端有玻璃旋塞，可盛放酸液及氧化性溶液，不宜盛放碱液（避免腐蚀磨口和旋塞）。碱式滴定管的下端连接一橡皮管，内放一玻璃珠，以控制溶液的流出，下面再连一

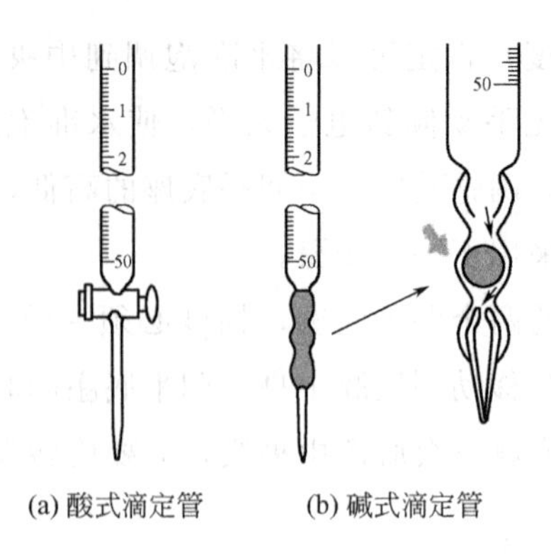

(a) 酸式滴定管　(b) 碱式滴定管

图 2-3 滴定管

尖嘴玻璃管，这种滴定管可盛放碱液，而不能盛放酸或氧化剂等腐蚀橡皮管的溶液，如 $KMnO_4$、I_2、$AgNO_3$ 等溶液。

（一）滴定管的准备

酸式滴定管使用前应检查旋塞转动是否灵活，然后检查是否漏水。试漏的方法是先将旋塞关闭，在滴定管内充满水，将滴定管固定在滴定管架上，放置2min，观察管口及旋塞两端是否有水渗出；将旋塞转动180°，再放置2min，看是否有水渗出。若前后两次均无水渗出，旋塞转动灵活，即可使用。否则将旋塞取出，重新涂抹凡士林（起到密封和润滑作用）后再使用。

酸式滴定管（简称酸管），为了使其玻璃旋塞转动灵活，必须在塞子与塞座内壁涂少许凡士林。用手指将凡士林均匀而薄薄地涂润在旋塞上，如图 2-4 所示，涂凡士林时，不要涂得太多，以免旋塞孔被堵住，也不要涂得太少，达不到转动灵活和防止漏水的目的。涂凡士林后，将旋塞直接插入旋塞座中，向同一方向不断旋转旋塞，直至旋塞全部呈透明状为止。若旋塞孔或出口尖嘴被凡士林堵塞时，可将滴定管充满水后，将旋塞打开，用洗耳球在滴定管上部挤压、鼓气，可以将凡士林排出。最后将橡皮圈套在旋塞的小头部分沟槽上。

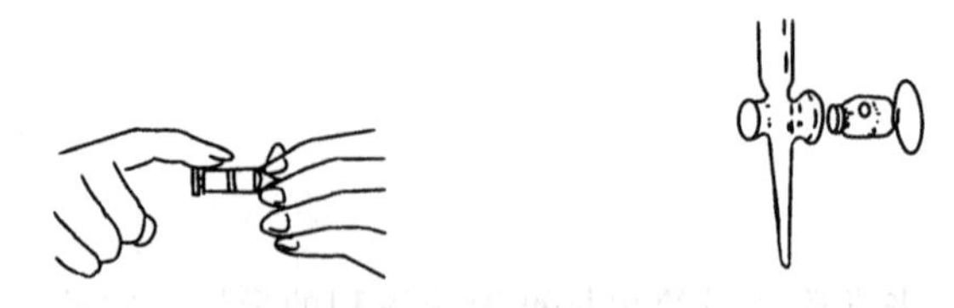

图 2-4 涂凡士林

碱式滴定管（简称碱管）使用前，应检查橡皮管（医用胶管）是否老化、变质，检查玻璃珠是否适当，玻璃珠过大，不便操作，过小，则会漏水。如不合要求，应及时更换。

最后洗涤滴定管。一般用自来水冲洗，零刻度线以上部位可用毛刷蘸洗涤剂刷洗，零刻度线以下部位如不干净，则采用洗液洗（碱式滴定管应除去乳胶管，用橡胶乳头将滴定管下口堵住）。少量的污垢可装入约 10mL 洗液，双手平托滴定管的两端，不断转动滴定管，使洗液润洗滴定管内壁，操作时管口对准洗液瓶口，以防洗液外流。洗完后，将洗液分别由两端放出。如果滴定管太脏，可将洗液装满整根滴定管浸泡一段时间。为防止洗液流出，在滴定管下方可放一烧杯。最后用自来水、蒸馏水洗净。洗净后的滴定管内壁应被水均匀润湿而不挂水珠。如挂水珠，应重新洗涤。

（二）标准溶液的装入

（1）洗涤：使用滴定管前先用自来水洗，再用少量蒸馏水润洗 2～3 次，每次 5～10mL，洗净后，管壁上不应附着有液滴；最后用少量滴定用的待装溶液洗涤二次，以免加入滴定管的待装溶液被蒸馏水稀释。

（2）装液：将待装溶液加入滴定管中到刻度“0”以上，开启旋塞或挤压玻璃球，把滴定管下端的气泡逐出，然后把管内液面的位置调节到刻度“0”。排气的方法如下：如果是酸式滴定管，可使溶液急速下流驱去气泡。如为碱式滴定管，则可将橡皮管向上弯曲，并在稍高于玻璃珠所在处用两手指挤压，使溶液从尖嘴口喷出，气泡即可除尽，如图 2-5 所示。

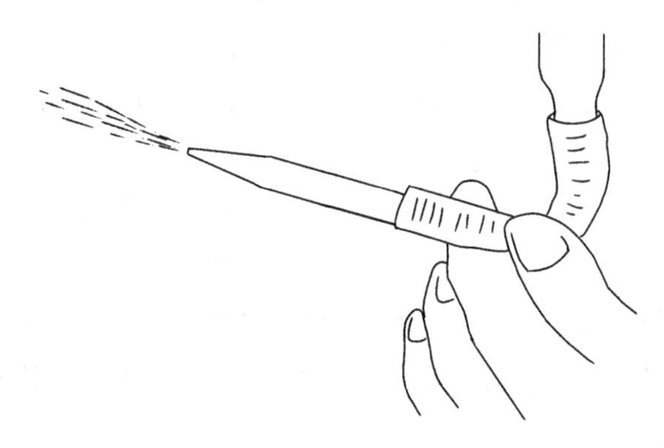

图 2-5　排出气泡

（三）滴定管的读数

常用滴定管的容量为 50mL，每一大格为 1mL，每一小格为 0.1mL，读数可读到小数点后两位。读数时，滴定管应保持垂直。视线应与管内液体凹面的最低处保持水平，偏低偏高都会带来误差［图 2-6(a)］。滴定管读数前，应注意管出口上有无挂着水珠。若在滴定后挂有水珠进行读数，这时是无法读准确的。一般读数应遵守下列原则。

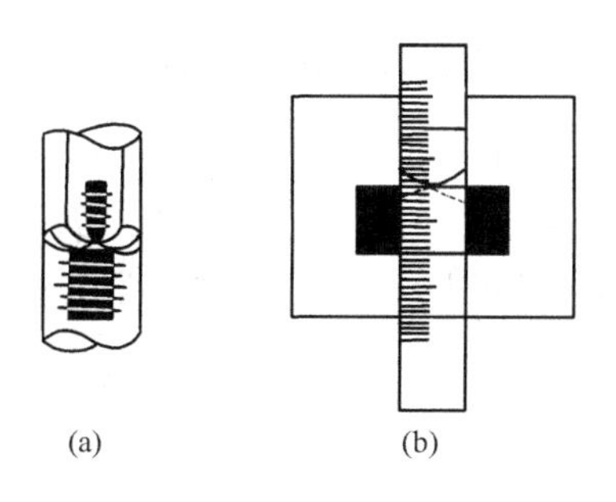

图 2-6　滴定管的读数

① 读数时应将滴定管从滴定管架上取下，用右手大拇指和食指捏住滴定管上部无刻度处，其他手指从旁辅助，使滴定管保持垂直，然后再读数。

② 由于水的附着力和内聚力的作用，滴定管内的液面呈弯月形，无色和浅色溶液的弯月面比较清晰，读数时，应读弯月面下缘实线的最低点，为此，读数时，视线应与弯月面下缘实线的最低点相切，即视线应与弯月面下缘实线的最低点在同一水平面上。对于有色溶液（如 $KMnO_4$、I_2）弯月面清晰度较差，读数时，视线应与液面两侧的最高点相切，这样才较易读准。

③ 为便于读数准确，在管装满或放出溶液后，必须等 1～2min，使附着在内壁的溶液流下来后，再读数。如果放出液的速度较慢（如接近计量点时），只需等 0.5～1min 即可读数。每次读数前，都要看一下，管壁有没有挂水珠，管的出口处有无悬液滴，管嘴有无气泡。

④ 读取的值必须读至毫升小数点后第二位，即要求估读到 0.01mL。

⑤ 对于蓝带滴定管，读数方法与上述相同。当蓝带滴定管盛溶液后将有似两个弯月面的上下两个尖端相交，此上下两尖端相交点的位置，即为蓝带滴定管的读数的正确位置[图 2-6(b)]。

⑥ 为便于读数，可采用读数卡，它有利于初学者练习读数。读数卡是用贴有黑纸或涂有黑色长方形（约 3cm×1.5cm）的白纸制成。读数时，将读数卡放在滴定管背后，使黑色部分在弯月面下约 1mm 处，此时即可看到弯月面的反射层全部成为黑色。然后，读此黑色弯月面下缘的最低点。然而，对有色溶液（如 $KMnO_4$）须读其两侧最高点时，须用白色卡片作为背景。

⑦ 读取初读数时，应将管尖嘴处悬挂的液滴除去，滴定至终点时，应立即关闭旋塞，注意不要使滴定管中溶液流至管尖嘴处悬挂，否则终读数便包括悬挂的半滴液滴而导致读数不准确。

⑧ 每次滴定前应将液面调节在 0.00mL 处或稍下一点的位置，这样可固定在某一段体积范围内滴定，以减少体积测量的误差。

（四）滴定

1. 酸管的操作

使用酸管时，左手握滴定管，其无名指和小指向手心弯曲，轻轻地贴着出口部分，用

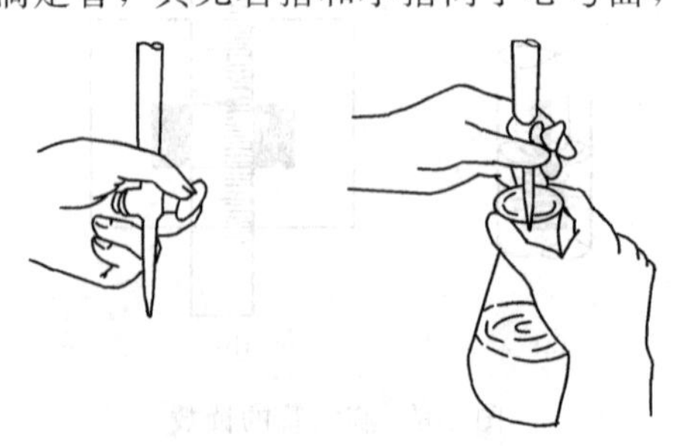

图 2-7 酸式滴定管操作示意图

其余三指控制旋塞，如图 2-7 所示。但应注意，不要向外用力，以免推出旋塞造成漏水，应使旋塞稍有一点向手心的回力。也不要过分往里用太大的力，以免造成旋塞转动困难。

2. 碱管的操作

使用碱管时，仍以左手握管，其拇指在前，食指在后，其他三个指辅助夹住出口管。用拇指和食指捏住玻璃珠所在部位，向右边挤医用胶管，使玻璃珠移至手心一侧，这样，溶液即可从玻璃珠旁边的空隙流出，不要用力捏玻璃珠，也不要使玻璃珠上下移动，不要捏玻璃珠下部胶管，以免空气进入而形成气泡，影响读数。

3. 滴定

滴定开始前，先把悬挂在滴定管尖端的液滴除去，锥形瓶距离滴定台高 2～3cm，滴定管下端伸入瓶口内 1cm。滴定时用左手控制阀门，右手持锥形瓶，并不断旋摇（摇瓶时，应微动腕关节，使溶液向同一方向旋转），不能前后振动，以免溶液溅出。不要因摇动使瓶口碰在管口上，以免造成事故。将到滴定终点时，滴定速度要慢，一滴一滴加入，即加一滴摇几下，再加，再摇。最后是每加半滴，摇几下锥形瓶，直至溶液出现明显的颜色变化为止。防止过量，并且用洗瓶挤少量水淋洗瓶壁，以免有残留在瓶壁上的液滴未发生反应。最后，必须待滴定管内液面完全稳定后，方可读数。

4. 半滴的控制和吹洗

快到滴定终点时，要一边摇动，一边逐滴地滴入，甚至是半滴半滴地滴入。学生应该扎扎实实地练好加入半滴溶液的方法。用酸管时，可轻轻转动旋塞，使溶液悬挂在出口管嘴上，形成半滴，用锥形瓶内壁将其沾落，再用洗瓶吹洗。对碱管，加半滴溶液时，应先松开拇指与食指，将悬挂的半滴溶液沾在锥形瓶内壁上，再放开无名指和小指，这样可避免出口管尖出现气泡。滴入半滴溶液时，也可采用倾斜锥形瓶的方法，将附于壁上的溶液涮至瓶中。这样可避免吹洗次数太多，造成过度稀释。

二、容量瓶

容量瓶是一种细颈梨形的平底玻璃瓶，带有玻璃磨口玻璃塞或塑料塞，可用橡皮筋将塞子系在容量瓶的颈上。颈上有标度刻线，一般表示在 20℃时液体充满标度刻线时的准确容积。容量瓶主要用来精确地配制一定体积和一定浓度的溶液，如用固体物质配制溶液，应先将固体物质在烧杯中溶解后，再将溶液转移至容量瓶中。故常和分析天平、移液管配合使用。为了正确地使用容量瓶，应注意以下几点。

1. 容量瓶的检查

瓶塞是否漏水。如果漏水或标度刻线离瓶口太近，不便混匀溶液，则不宜使用。

检查瓶塞是否漏水的方法如下：加自来水至标度刻线附近，盖好瓶塞后，左手用食指按住塞子，其余手指拿住瓶颈标度刻线以上部分，右手用指尖托住瓶底边缘。将瓶倒立 2min，如不漏水，将瓶直立，转动瓶塞 180°，再倒立 2min，如检查不漏水，方可使用。

使用容量瓶时，不要将其玻璃磨口塞随便取下放在桌面上，以免污染或搞错，可用橡皮筋或细绳将瓶塞系在瓶颈上。

2. 溶液的配制

用容量瓶配制标准溶液或分析试液时，最常用的方法是将待溶固体称出置于小烧杯中，加水或其他溶剂将固体溶解，然后将溶液定量转入容量瓶中。定量转移溶液时，右手拿玻璃棒，左手拿烧杯，使烧杯嘴紧靠玻璃棒，而玻璃棒悬空伸入容量瓶口中，棒的下端应靠在瓶颈内壁上，使溶液沿玻璃棒和内壁流入容量瓶中，如图 2-8 所示，烧杯中溶液流完后，将玻璃棒和烧杯稍微向上提起，并使烧杯直立，再将玻璃棒放回烧杯中。然后，用洗瓶吹洗玻璃棒和烧杯内壁，再将溶液定量转入容量瓶中。如此吹洗、转移的定量转移溶液的操作，一般应重复 3～4 次，以保证定量转移。加水至容量瓶的 2/3 左右容积时，用右手食指和中指夹住瓶塞的扁头，将容量瓶拿起，按同一方向摇动几周，使溶液初步混匀。继续加水至距离标度刻线约 1cm 后，等 1～2min，使附在瓶颈内壁的溶液流下后，再用细而长的滴管滴加水至弯月面下缘与标度刻线相切（注意，勿使滴管接触溶液。也可用洗瓶加水至刻度）。无论溶液有无颜色，其加水位置均为使水至弯月面下缘与标度刻线相切为标准。当加水至容量瓶的标度刻线时，盖上干的瓶塞，用左手食指按住塞子，其余手指拿住瓶颈标度刻线以上部分，而用右手的全部指尖托住瓶底边缘，如图 2-9 所示，然后将容量瓶倒转，使气泡上升到顶，振荡混匀溶液。再将瓶直立过来，又再将瓶倒转，使

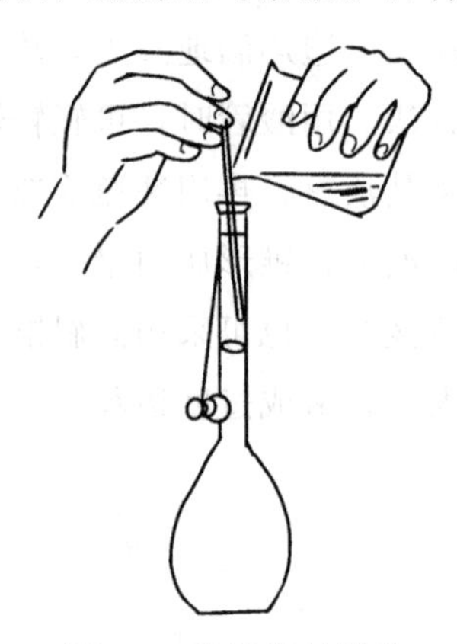

图 2-8 溶液定量转移

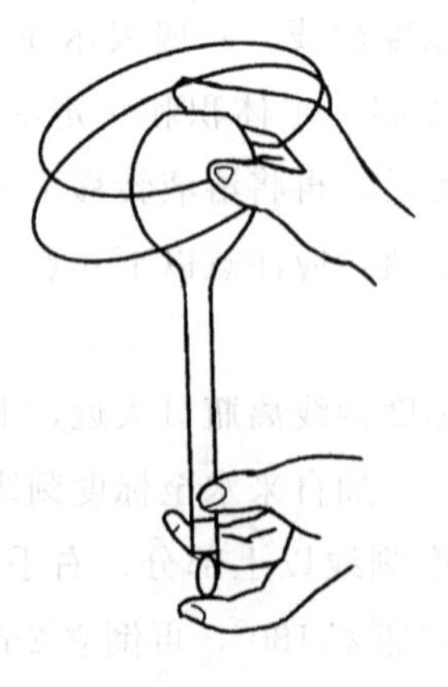

图 2-9 溶液混匀

气泡上升到顶部，振荡，如此反复多次。

如用容量瓶稀释溶液，用移液管移取一定体积的溶液于容量瓶中，加水至标度刻线。按前述方法混匀溶液。

容量瓶不宜长期保存试剂溶液，如配好的溶液需作保存时，应转移至磨口试剂瓶中，不要将容量瓶当作试剂瓶使用。尤其是碱性溶液，它会侵蚀瓶塞使其无法打开。也不能用火直接加热及烘烤，使用完毕后应立即洗净。如长时间不用，磨口处应洗净擦干，并用纸片将磨口隔开。

三、移液管和吸量管

移液管是用于准确量取一定体积溶液的量出式玻璃量器。通常有两种形状，一种移液管中间有膨大部分，称为胖肚移液管；另一种是直形的，管上有分刻度，称为吸量管。它一般只用于量取小体积的溶液。常用的吸量管有 1mL、2mL、5mL、10mL 等规格，吸量管吸取溶液的准确度不如移液管。应该注意，有些吸量管其分刻度不是刻到管尖，而是离管尖尚差 1～2cm，如图 2-10 所示。

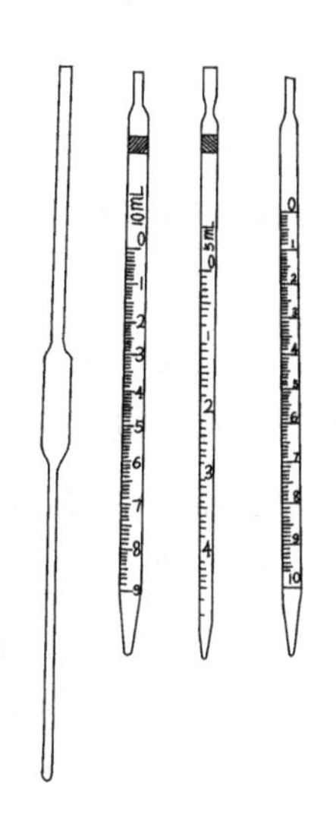

图 2-10　移液管和吸量管

1. 移液管和吸量管的润洗

移取溶液前，可用吸水纸将洗干净的管的尖端内外的水除去，然后用待吸溶液润洗三次。方法是：用左手持洗耳球，将食指或拇指放在洗耳球的上方，其余手指自然地握住洗耳球，用右手的拇指和中指拿住移液管或吸量管标线以上的部分，无名指和小指辅助拿住移液管，将洗耳球对准移液管口，如图 2-11(a) 所示，将管尖伸入溶液或洗液中吸取，待吸液吸至球部的四分之一处（注意，勿使溶液流回，以免稀释溶液）时，移出，荡洗、弃去。如此反复荡洗三次，润洗过的溶液应从尖口放出、弃去。润

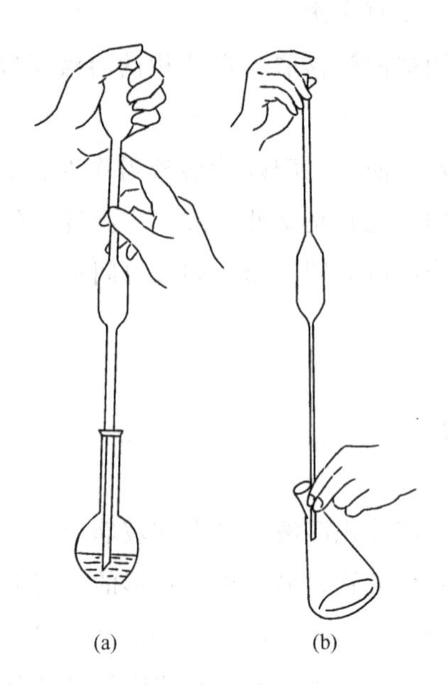

图 2-11 移液管的使用

洗这一步骤很重要，保证使管的内壁及有关部位与待吸溶液处于同一浓度。吸量管的润洗操作与此相同。

2. 移取溶液

管经润洗后，移取溶液时，将管直接插入待吸液液面下约 1～2cm 处。管尖不应伸入太浅，以免液面下降后造成吸空；也不应伸入太深，以免移液管外部附有过多的溶液。吸液时，应注意容器中液面和管尖的位置，应使管尖随液面下降而下降。当洗耳球慢慢放松时，管中的液面徐徐上升，当液面上升至标线以上时，迅速移去洗耳球。与此同时，用右手食指堵住管口，左手改拿盛待吸液的容器。然后，将移液管往上提起，使之离开液面，并将管的下端原伸入溶液的部分沿待吸液容器内部轻转两圈，以除去管壁上的溶液。然后使容器倾斜约 30°，其内壁与移液管尖紧贴，此时右手食指微微松动，使液面缓慢下降，直到视线平视时弯月面与标线相切，这时立即用食指按紧管口。移开待吸液容器，左手改拿接收溶液的容器，并将接收容器倾斜，使内壁紧贴移液管尖，成 30°左右。然后放松右手食指，使溶液自然地顺壁流下，如图 2-11(b) 所示。待液面下降到管尖后，等 15s 左右，移出移液管。这时，尚可见管尖部位仍留有少量溶液，对此，除特别注明“吹”字的以外，一般此管尖部位留存的溶液是不能吹入接收容器中的，因为在工厂生产检定移液管时是没有把这部分体积算进去的。但必须指出，一些管口尖部做得不很圆滑，因此可能会由于随靠接收容器内壁的管尖部位不同方位而留存在管尖部位的体积不同，将管身往左右旋动一下，这样管尖部分每次留存的体积将会基本相同，不会导致平行测定时的过大误差。

使用刻度吸量管时，应将溶液吸至最上刻度处，然后将溶液放出至适当刻度，两刻度之差即为放出溶液的体积。

四、移液器

（一）移液器的构造

移液器又称移液枪，是一种用于定量转移液体的连续可调的精密计量器具。在进行分析测试方面的研究时，一般采用移液器移取少量或微量的液体。移液器根据原理可分为气体活塞式移液器和外置活塞式移液器。气体活塞式移液器主要用于标准移液，外置活塞式移液器主要用于处理易挥发、易腐蚀及黏稠等特殊液体。移液器一般有1000～5000μL、100～1000μL、10～200μL、1～20μL、0.1～2μL等多种规格。其外形如图2-12所示。

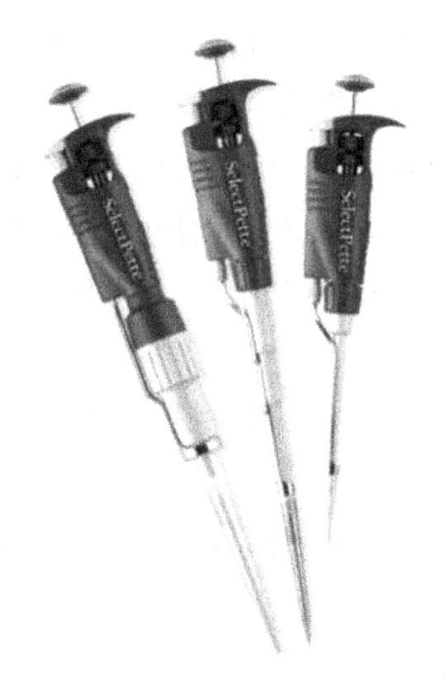

图2-12　移液器

（二）移液器的使用方法

在将枪头（吸液嘴）套上移液枪时，需将移液枪（器）垂直插入枪头中，稍微用力左右微微转动即可使其紧密结合。吸取液体时，移液器保持竖直状态，将枪头插入液面下2～3mm。在吸液之前，可以先吸放几次液体以润湿吸液嘴（尤其是要吸取黏稠或密度与水不同的液体时）。可采取以下两种移液方法。

（1）前进移液法：用大拇指将按钮按下至第一停点，然后慢慢松开按钮回原点。接着将按钮按至第一停点排出液体，稍停片刻继续按按钮至第二停点吹出残余的液体。最后松开按钮。

（2）反向移液法：此法一般用于转移高黏液体、生物活性液体、易起泡液体或极微量的液体，先吸入多于设置量程的液体，转移液体的时候不用吹出残余的液体。先按下按钮至第二停点，慢慢松开按钮至原点。接着将按钮按至第一停点排出设置好量程的液体，继续保持按住按钮位于第一停点，取下有残留液体的枪头，弃之。

如不使用，要把移液枪的量程调至最大值的刻度，使弹簧处于松弛状态以保护弹簧。

第三节 重量分析基本操作

重量分析包括沉淀法、气化法、提取法和电解法，其中以沉淀法的应用最为广泛，在此仅介绍沉淀法的基本操作。沉淀重量分析法是利用沉淀反应，使待测物质转变成一定的称量形式后测定物质含量的方法。沉淀法的基本操作包括：沉淀的进行，沉淀的过滤和洗涤，烘干或灼烧。要细心地进行，以得到准确的分析结果。

一、沉淀的进行

重量分析法是分析化学重要的经典分析方法。沉淀重量分析法是利用沉淀反应，使待测物质转变成一定的称量形式后测定物质含量的方法。

使用的重量分析法，一般过程如下。沉淀类型主要分成两类，一类是晶型沉淀，另一类是无定形沉淀。对于晶型沉淀（如 $BaSO_4$）使用的重量分析法，一般过程如下：

试样溶解→沉淀→陈化→过滤和洗涤→烘干→炭化→灰化→灼烧至恒重→结果计算

1. 试样溶解

溶样方法主要分为两种，一是用水、酸溶解，二是高温熔融法。

2. 沉淀

晶形沉淀的沉淀条件是："稀、热、慢、搅、陈"五字原则，即

（1）沉淀的溶液要适当稀；

（2）沉淀时应将溶液加热；

（3）沉淀速度要慢，操作时应注意边沉淀边搅拌。为此，沉淀时，左手拿滴管逐滴加入沉淀剂，右手持玻璃棒不断搅拌；

（4）沉淀完全后要放置陈化。

3. 陈化

沉淀完全后，盖上表面皿，放置过夜或在水浴上保温。陈化的目的是使小晶体长成大晶体，不完整的晶体转变成完整的晶体。

4. 过滤和洗涤

重量分析法使用的定量滤纸，称为无灰滤纸，每张滤纸的灰分质量约为 0.08mg，可以忽略。过滤 $BaSO_4$ 可用中速滤纸或慢速滤纸。

二、沉淀的过滤

根据沉淀在灼烧中是否会被纸灰还原及称量形式的性质，选择滤纸或玻璃滤器过滤。

(一) 滤纸

1. 滤纸的选择

定量滤纸又称无灰滤纸（每张灰分在 0.1mg 以下或准确已知）。由沉淀量和沉淀的性质决定选用大小和致密程度不同的快速、中速和慢速滤纸。晶形沉淀多用致密的慢速滤纸过滤，蓬松的无定形沉淀要用较大的疏松的快速滤纸。由滤纸的大小选择合适的漏斗，放入的滤纸应比漏斗沿低约 0.5～1cm。

2. 滤纸的折叠和安放

如图 2-13 所示，先将滤纸沿直径对折成半圆［图 2-13(a)］，再根据漏斗的角度的大小折叠［可以大于 90°，见图 2-13(b)］。折好的滤纸，一个半边为三层，另一个半边为单层，为使滤纸三层部分紧贴漏斗内壁，可将滤纸的上角撕下［图 2-13(c)］，并留作擦拭沉淀用。将折叠好的滤纸放入漏斗中，且三层的一边应放在漏斗出口短的一边［图 2-13(d)］。用食指按紧三层的一边，用洗瓶吹入少量水将滤纸润湿，然后，轻轻按滤纸边缘，使滤纸的锥体与漏斗间没有空隙（注意三层与一层之间处应与漏斗密合）。按好后，用洗瓶加水至滤纸边缘，这时漏斗颈内应全部被水充满，当漏斗中水全部流尽后，颈内水柱仍能保留且无气泡。若不形成完整的水柱，可以用手堵住漏斗下口，稍掀起滤纸三层的一边，用洗瓶向滤纸与漏斗间的空隙里加水，直到漏斗颈和锥体的大部分被水充满，然后按紧滤纸边，放开堵住出口的手指，此时水柱即可形成。

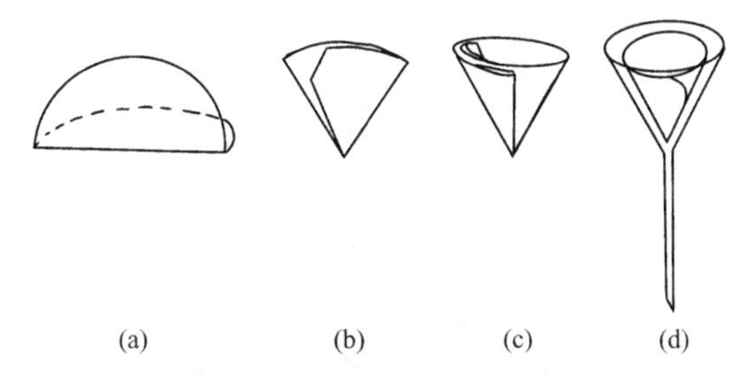

图 2-13　滤纸的折叠与安放

最后再用蒸馏水冲洗一次滤纸，然后将准备好的漏斗放在漏斗架上，下面放一洁净的烧杯承接滤液，使漏斗出口长的一边紧靠杯壁，漏斗和烧杯上均盖好表面皿，备用。

(二) 沉淀的过滤和洗涤

1. 沉淀的过滤

一般多采用“倾泻法”过滤，采用倾泻法是为了避免沉淀堵塞滤纸上的空隙，影响过滤速度。操作如图 2-14 所示：将漏斗置于漏斗之上，接收滤液的洁净烧杯放在漏斗下面，使漏斗颈下端在烧杯边沿以下 3～4cm 处，并与烧杯内壁靠紧。先将沉淀倾斜静置，然后将上层清液小心倾入漏斗滤纸中，清液沿着玻璃棒流入漏斗中，而玻璃棒的下端对着滤纸三层的一边，并尽可能接近滤纸，但不能接触滤纸。倾入的溶液一般不要超过滤纸的三分之二，或离滤纸上边缘至少 5mm，以免少量沉淀因毛细管作用越过滤纸上缘，造成损失，且不便洗涤。而沉淀尽可能地留在烧杯中。暂停倾泻溶液时，烧杯应沿玻璃棒使其嘴向上

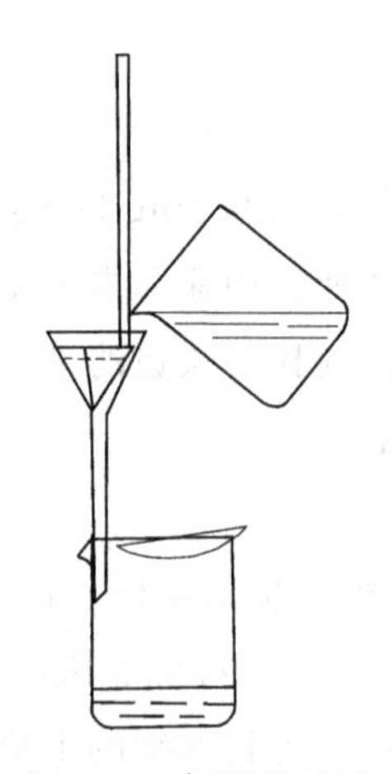

图 2-14 倾泻法过滤

提起，使烧杯向上，以免烧杯嘴上的液滴流失。

过滤过程中，带有沉淀和溶液的烧杯放置方法，操作如图 2-15 所示，可在烧杯下放一块木头，使烧杯倾斜，以利沉淀和清液分开，便于转移清液。同时玻璃棒不要靠在烧杯嘴上，避免烧杯嘴上的沉淀沾在玻璃棒上部而损失。倾泻法如一次不能将清液倾注完时，应待烧杯中沉淀下沉后再次倾注。

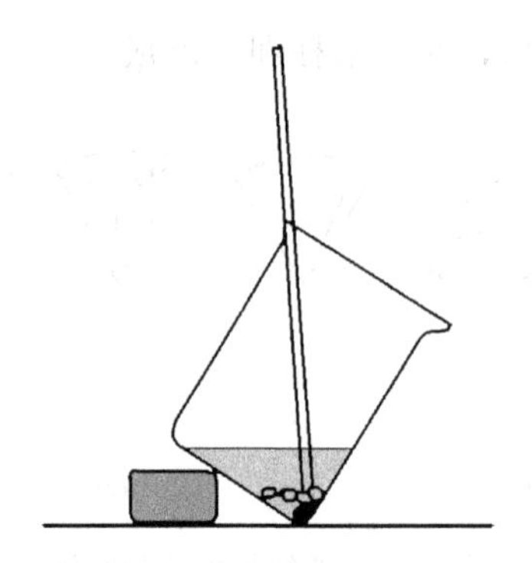

图 2-15 烧杯放置方法

2. 沉淀的转移

用倾泻法将清液完全转移后，应对沉淀作初步洗涤。洗涤时，用洗瓶按每次约 10mL 洗涤液吹洗烧杯四周内壁，使粘附着的沉淀集中在杯底部，每次的洗涤液同样用倾泻法过滤。如此洗涤杯内沉淀。然后再加少量洗涤液于烧杯中，搅动沉淀使之混匀，立即将沉淀和洗涤液一起，通过玻璃棒转移至漏斗上。再加入少量洗涤液于杯中，搅拌混匀后再转移至漏斗上。如此重复几次，使大部分沉淀转移至漏斗中。然后按图 2-16 所示的吹洗方法将沉淀吹洗至漏斗中。即用左手把烧杯拿在漏斗上方，烧杯嘴向着漏斗，拇指在烧杯嘴下方，同时，右手把玻璃棒从烧杯中取出横在烧杯口上，使玻璃棒伸出烧杯嘴约 2～3cm，然后用左手食指按住玻璃棒的较高地方，倾斜烧杯使玻璃棒下端指向滤纸三层一边，用右手以洗瓶吹洗整个烧杯壁，使洗涤液和沉淀沿玻璃棒流入漏斗中。如果仍有少量沉淀牢牢地粘附在烧杯壁上而吹洗不下来时，可将烧杯放在桌上，用沉淀帚在烧杯内壁自上而下、

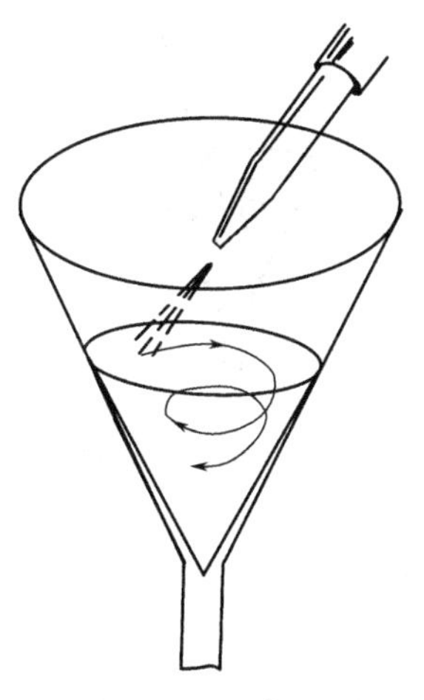

图 2-16　沉淀的吹洗

自左至右擦拭，使沉淀集中在底部。再将沉淀吹洗入漏斗上。对牢固地粘在杯壁上的沉淀，也可用前面折叠滤纸时撕下的滤纸角擦拭玻璃棒和烧杯内壁，将此滤纸角放在漏斗的沉淀上。

经吹洗、擦拭后的烧杯内壁，应在明亮处仔细检查是否吹洗、擦拭干净，包括玻璃棒、表面皿、沉淀帚和烧杯内壁都要认真检查。过滤开始后，应随时检查滤液是否透明，如不透明，说明有穿滤。这时必须换另一洁净烧杯承接滤液，在原漏斗上将穿滤的滤液进行第二次过滤。如发现滤纸穿孔，则应更换滤纸重新过滤。而第一次用过的滤纸应保留。

3. 沉淀的洗涤

沉淀全部转移到滤纸上后，应对它进行洗涤，其目的是将沉淀表面所吸附的杂质和残留的母液除去。洗瓶的水流从滤纸的多重边缘开始，螺旋形地往下移动，最后到多重部分停止，称为“从缝到缝”，这样，可使沉淀洗得干净且可将沉淀集中到滤纸的底部。为了提高洗涤效率，应掌握洗涤方法的要领。洗涤沉淀时要少量多次，即每次螺旋形往下洗涤时，所用洗涤剂的量要少，便于尽快沥干，沥干后，再行洗涤。如此反复多次，直至检查无杂质，沉淀洗净为止。即“少量多次”的原则。

三、沉淀的烘干与灼烧

1. 烘干

滤纸和沉淀的烘干通常在电炉上进行。操作步骤是用扁头玻璃棒将滤纸边挑起，向中间折叠，将沉淀盖住。如图 2-17 所示，用玻璃棒轻轻转动滤纸包，以便擦净漏斗内壁可能沾有的沉淀。然后，将滤纸包转移至已恒重的坩埚中，将它倾斜放置，使多层滤纸部分朝上，以利烘烤。坩埚的外壁和盖先用蓝黑墨水或 $K_4Fe(CN)_6$ 溶液编号。烘干时，盖上坩埚盖，但不要盖严。

图 2-17 沉淀的包裹

2. 炭化

炭化是将烘干后的滤纸烤成炭黑状。

3. 灰化

灰化是使呈炭黑状的滤纸灼烧成灰。烘干、炭化、灰化，应由小火到强火，一步一步完成，不能性急，不要使火焰加得太大。炭化时如遇滤纸着火，可立即用坩埚盖盖住，使坩埚内的火焰熄灭（切不可用嘴吹灭）。着火时，不能置之不理，让其燃尽，这样易使沉淀随大气流飞散损失。待火熄灭后，将坩埚盖移至原来位置，继续加热至全部炭化（滤纸变黑）直至灰化。

4. 灼烧至恒重

灼烧至恒重，在与空坩埚灼烧操作相同温度下灼烧 40～45min，取出，冷至室温，待沉淀和滤纸灰化后，将坩埚移入高温炉中（根据沉淀性质调节至适当温度），盖上坩埚盖，但留有空隙。在与灼烧空坩埚时相同温度灼烧 40～45min，与空坩埚灼烧操作相同，取出，冷至室温，称重。然后进行第二次、第三次灼烧，直至坩埚和沉淀恒重为止。一般第二次以后的灼烧只需 20min 即可。所谓恒重，是指相邻两次灼烧后的称量差值不大于 0.4mg。

从高温炉中取出坩埚时，将坩埚移至炉口，至红热稍退后，再将坩埚从炉中取出放在洁净瓷板上，在夹取坩埚时，坩埚钳应预热。待坩埚冷至红热退去后，再将坩埚转至干燥器中。放入干燥器后，盖好盖子，随后须启动干燥器盖 1～2 次。在干燥器内冷却时，原则是冷至室温，一般需要注意，每次灼烧、称重和放置的时间，都要保持一致。

5. 干燥器

使用干燥器时，首先将干燥器擦干净，烘干多孔瓷板后，将干燥剂通过一纸筒装入干燥器的底部，应避免干燥剂污染内壁的上部。然后盖上瓷板。干燥剂一般用变色硅胶。此外还可用无水氯化钙等。由于各种干燥剂吸收水分的能力都是有一定限度的，因此干燥器中的空气并不是绝对干燥，而只是湿度相对降低而已。所以灼烧和干燥后的坩埚和沉淀，如在干燥器中放置过久，将使质量增加，这点必须注意。干燥器盛装干燥剂后，应在干燥器的磨口上涂上一层薄而均匀的凡士林油。盖上干燥器盖。

开启干燥器时，左手按住干燥器的下部，右手按住盖子上的圆顶，向左前方推开干燥器盖，如图 2-18(a) 所示。盖子取下后应拿在右手，用左手放入（或取出）坩埚（或称量瓶），及时盖上干燥器盖。盖子取下后，也可放在桌上安全的地方（磨口向上，圆顶朝

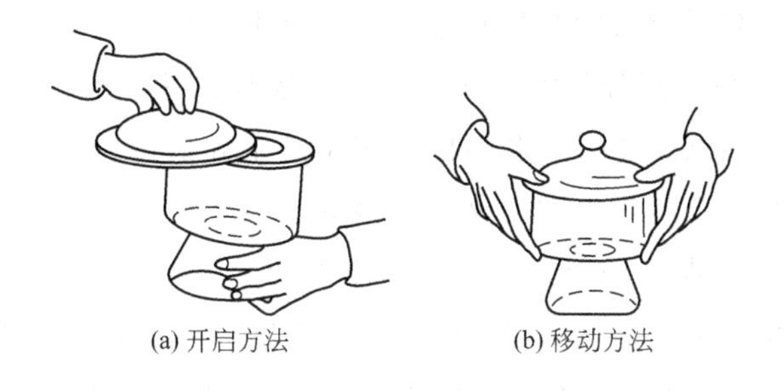

图 2-18　干燥器的开启和移动

下）。加盖时，也应当拿住盖上圆顶，推着盖好。

当坩埚等放入干燥器时，一般应放在瓷板圆孔内。若坩埚等热的容器放入干燥器后，应连续推开干燥器 1～2 次，搬动或挪动干燥器时，应该用两手的拇指同时按住盖子，防止盖子滑落打破。如图 2-18(b) 所示。

空坩埚的恒重方法和灼烧温度均与灼烧沉淀时相同。坩埚与沉淀的恒重质量与空坩埚的恒重质量之差，即为沉淀的质量。现在，生产单位常用一次灼烧法，即先称恒重后带沉淀的坩埚的质量（称为总质量），然后，去掉 $BaSO_4$ 沉淀，再称坩埚的质量，用差减法即可求出沉淀的质量。

第四节　吸光光度法常用仪器及基本操作

一、仪器分析实验室的基本要求

仪器分析实验教学是学生掌握各种仪器及其分析方法的重要环节。通过实验教学，要求学生能规范地掌握多种仪器的基本操作、基本技术，熟悉现代分析仪器的使用。通过仪器分析课程的教学，使学生进一步理解各种分析仪器的原理和有关概念，掌握各种仪器分析方法的应用范围和主要分析对象，了解各种分析仪器的基本操作方法和实验数据的处理方法，了解仪器主要操作参数及其对分析结果的影响，培养学生严谨的科学作风和良好的实验素养。为达到以上教学目的，对仪器分析实验提出几点基本要求。

1. 仪器分析所用的仪器一般较昂贵，实验前，学生必须认真阅读实验指导书，做好预习工作。教师需对学生的预习情况进行检查，以提问、口试等方式进行，考核通过后，学生才能开始做实验。

2. 实验过程中，老师进行必要的示范操作，并在实验室进行巡视，及时纠正学生的错误操作，检查学生的实验记录和报告。未经教师允许不得随意开动关闭仪器、改变仪器工作参数等。学生若实验失败，应找出原因，经老师同意后才可重做实验。准确记录原始数据，经教师检查并签名后的实验及其原始数据记录才有效。

3. 实验结束，学生应认真分析实验现象，整理实验结果，分析误差产生的原因，能对实验提出自己的改进意见或建议。老师检查实验结果并认可后，学生须清理实验仪器、整洁实验台面，经老师同意后学生方可离开实验室。

4. 任课教师要认真备课，提前预做实验，上好每一堂课。实验前教师要亲自检查仪器设备情况，清点学生人数，做好实验教学记录。教师应详细介绍工作仪器原理、仪器组成和作用（对照仪器实物介绍）、仪器操作方法和注意事项；实验前和实验过程中，均要向学生提问，引导学生深入思考与实验现象有关的一些问题，着力培养学生观察实验、综合考虑问题的能力，使学生学会分析问题和研究问题的方法。

二、实验数据处理和结果表达

（一）评价分析方法和分析结果的基本指标

好的分析方法应具有良好的检测能力，易获得可靠的测定结果，具有广泛的适用性，操作要尽可能简便。检测能力用检测限表征，测定结果的可靠性用准确度和精密度表示，适用性用标准曲线的线性范围和抗干扰能力来衡量。

1. 检出限和灵敏度

检出限（detection limit，用 D 表示），又称为检测下限，是指能以适当的置信概率检出待测物质的最低浓度或最小质量。检出限 D 由最低检测信号值与空白噪声计算，检测浓度或最小检测质量的单位分别为 $\mu g \cdot mL^{-1}$、$ng \cdot mL^{-1}$ 和 μg、ng、pg 表示。

$$D=\frac{x_L-\overline{x}_b}{S}=\frac{3s_b}{S}$$

式中，x_L 是可被检测的最小分析信号值；$\overline{x}_b$ 是对空白进行多次测量所得空白信号平均值；s_b 是空白信号的标准偏差；S 为标准曲线在低浓度或低质量区域的斜率（即灵敏度），该式表明提高灵敏度和降低噪声可降低检出限。

分析方法的灵敏度（sensitivity，用 S 表示）是指改变单位待测物质的浓度或质量时引起该方法检测器响应信号（吸光度、电极电位或峰面积等）的变化程度，对应于浓度敏感型检测器和质量敏感性检测器有浓度灵敏度（S_c）和质量灵敏度（S_m）。因此，分析方法的灵敏度可用检测器的响应值与对应的待测物质的浓度或质量之比来衡量，即用标准曲线的斜率来度量分析方法的灵敏度。

若回归方程为 $$y=a+bx$$

式中，x 为标样中待测物质的浓度或质量；y 为检测器对待测物质的响应信号（吸光度、电极电位或峰面积等）；a 为空白值（$x=0$ 时检测器的响应信号）；b 为检测器的响应斜率。

则其灵敏度为 $$S=dy/dx=b$$

分析方法的灵敏度的高低依赖于检测器的灵敏度，并随实验条件的变化而变化。样品基体（其他组分或主体成分）也会影响分析方法的灵敏度并可能产生系统误差。

检出限与灵敏度从不同侧面衡量了分析方法的检测能力，但它们并无直接的联系，灵敏度不考虑噪声的影响，而检出限与信噪比有关，有着明确的统计意义。似乎灵敏度越高，检出限就越低，但往往并非如此，因为灵敏度越高，噪声就越大，而检出限取决于信噪比。因此，现在一般推荐用检出限来表征分析方法的检测能力。

2. 准确度

准确度表示测定结果（x）与真实值（T）接近的程度，通常用误差来表示。误差越小，测定结果与真实值越接近，准确度越高；反之误差越大，准确度越低。当测定结果大于真实值时，误差为正，表示测定结果偏高；反之误差为负，表示测定结果偏低。误差可分为绝对误差（E_a）与相对误差（E_r）。

$$E_a = x - T \qquad E_a = \overline{x} - T$$

$$E_r = \frac{E_a}{T} \times 100\%$$

3. 精密度

精密度是多次测量某一量时，用来表示测定值的离散程度的指标，它是衡量测量值重复性的指标。精密度的大小一般用常用标准偏差（s）或相对标准偏差（s_r）来表示。

$$s = \sqrt{\frac{(x_i - \overline{x})^2}{n-1}} \qquad s_r = \frac{s}{\overline{x}} \times 100\%$$

4. 适用性

一个分析方法的适用性，包括对测量组分含量或浓度的适用范围和对不同类型试样的适用性。含量和浓度的适用性用标准曲线的线性范围来衡量，线性范围越宽，适用性越好。衡量试样类型的适用性，一般测抗干扰能力，即加入不同的干扰物质，测定回收率，用回收率来表示分析方法的抗干扰能力，确定干扰物质所允许存在的量。在各种干扰物质之间不存在交互效应的情况，可用这种方法来评价分析方法的抗干扰能力。

（二）分析数据和结果表达

分析数据和分析结果主要使用列表法、作图法、数学方程表示法，基本要求是准确、清晰和便于应用。

1. 列表法

用合适的表格将实验数据（包括原始数据与运算数值）记录出来就是列表法。实验数据既可以是同一个物理量的多次测量值及结果，也可以是相关几个量按一定格式有序排列的对应的数值。

数据列表本身就能直接反映有关量之间的函数关系。此外，列表法还有一些明显的优点：便于检查测量结果和运算结果是否合理；若列出了计算的中间结果，可以及时发现运算是否有错；便于日后对原始数据与运算进行核查。数据列表时的表格力求简单明了，分类清楚，便于显示有关量之间的关系；表中各量应写明单位，单位写在标题栏内，一般不要写在每个数字的后面；表格中的数据要正确地表示出被测量的有效数字。

2. 作图法

作图法就是在坐标纸上描绘出所测物理量的一系列数据间关系。该方法简便直观，易于揭示出物理量之间的变化规律，粗略显示出对应的函数关系，是寻求经验公式最常用的方法之一。作图规则如下。

① 选用合适的坐标纸与坐标分度值：一般常用毫米方格坐标纸，再认真选取坐标分度值。坐标分度值的选取要符合测量值的准确度，即应能反映出测量值的有效数字位数。两轴的比例可以不同，坐标范围应恰好包括全部测量值，并略有富余，最小坐标值不必都从零开始，以便作出的图线大体上能充满全图，布局美观合理。原点处的坐标值，一般可选取略小于数据最小值的整数。

② 标明坐标轴：以横轴代表自变量（一般为实验中可以准确控制的量，如温度、时间等），以纵轴代表因变量，用粗实线在坐标纸上描出坐标轴，在轴端注明物理量名称、符号、单位，并按顺序标出轴线整分格上的量值。

③ 标实验点：实验点可用＋、×、⊙、Δ 等符号中的一种标明，不要仅用“·”标实验点。同一条图线上的数据用同一种符号，若图上有两条图线，应用两种不同符号以便于区别。

④ 连成图线：使用直尺、曲线板等工具，按实验点的总趋势连成光滑的曲线。由于存在测量误差，且各点误差不同，不可强求曲线通过每一个实验点，但应尽量使曲线两侧的实验点靠近图线，且分布大体均匀。

⑤ 写出图线名称：在图纸下方或空白位置写出图线的名称，必要时还可写出某些说明。

3. 数学方程表示法

在仪器分析中，绝大多数情况下都是相对测量，需要用标准曲线进行定量分析，由于测量误差不可避免，所有的数据点都处在同一条直线上的情况是不多见的，特别是测量误差较大时，用简单方法很难绘出合理的标准曲线，这种情况下，以数学方程表示法来描述自变量与因变量之间的关系较为妥当。即数据列表、作图与写出解析表达式都是描述函数关系的方法，而以函数表达式最为明确。用最小二乘法来寻求解析表达式（经验公式），虽然计算数值的工作量很大，但借助计算器已能轻松地完成，故此法得到广泛的应用。常用最小二乘法求解直线方程的问题，即直线拟合问题（也称为一元线性回归）。

三、分光光度计的构造和使用

（一）构造

分光光度计的种类和型号虽然众多，但基本都由光源、单色器（分光系统）、吸收池、检测系统和信号显示系统五大部分组成。

1. 光源

可见分光光度计通常采用 6～12V 低压钨丝灯作为光源，其发射的复合光波长约在

400～2500nm 之间。当在近紫外光区测定时应使用氢灯或氘灯作为光源，它们能发射出波长为 185～375nm 范围的光。为了使光源的发射光强度稳定，一般采用稳压器严格控制灯电源电压。

2. 单色器（分光系统）

单色器的作用是从光源发出的复合光中分出所需要的单色光。分光光度计的单色器通常由入射狭缝、准直镜、色散元件（棱镜或光栅）、聚焦镜和出射狭缝组成。

3. 吸收池

吸收池又称比色皿，是用于盛装参比溶液、试样溶液的容器。通常随仪器配有厚度（光程长度）为 0.5cm、1cm、2cm 和 3cm 四种规格的比色皿。在可见光区测定时使用光学玻璃比色皿，而在紫外光区应采用石英比色皿。

4. 检测系统

通常是使通过吸收池后的透射光投射到检测器上，利用光电效应而得到与照射光强度成正比的光电流再进行测量，因而检测器又称光电转换器。

5. 信号显示系统

它的作用是检测光电流强度的大小，并以一定的方式显示或记录下来。现代的分光光度计广泛采用数字电压表、函数记录仪、示波器及数据处理台等进行信号处理和显示。

（二）722 型分光光度计的操作

（1）预热仪器：将选择开关置于“T”，打开电源开关，使仪器预热 20min。为了防止光电管疲劳，不要连续光照，预热仪器时和不测定时应将试样室盖打开，使光路切断。

（2）选定波长：根据实验要求，转动波长手轮，调至所需要的单色波长。

（3）固定灵敏度挡：在能使空白溶液很好地调到“100%”的情况下，尽可能采用灵敏度较低的挡，使用时，首先调到“1”挡，灵敏度不够时再逐渐升高。但换挡改变灵敏度后，须重新校正“0%”和“100%”。选好的灵敏度，实验过程中不再变动。

（4）调节 $T=0\%$：轻轻旋动“0%”旋钮，使数字显示为“0.00”（此时试样室是打开的）。

（5）调节 $T=100\%$：将盛蒸馏水（或空白溶液、纯溶剂）的比色皿放入比色皿座架中的第一格内，并对准光路，把试样室盖子轻轻盖上，调节透过率“100%”旋钮，使数字显示正好为“100.0”。

（6）吸光度的测定：将选择开关置于“A”，盖上试样室盖子，将空白液置于光路中，调节吸光度调节旋钮，使数字显示为“0.000”。将盛有待测溶液的比色皿放入比色皿座架中的其他格内，盖上试样室盖，轻轻拉动试样架拉手，使待测溶液进入光路，此时数字显示值即为该待测溶液的吸光度值。读数后，打开试样室盖，切断光路。重复上述测定操作 1～2 次，读取相应的吸光度值，取平均值。

（7）浓度的测定：选择开关由“A”旋至“C”，将已标定浓度的样品放入光路，调节浓度旋钮，使得数字显示为标定值，将被测样品放入光路，此时数字显示值即为该待测溶液的浓度值。

为了防止光电管疲劳，不测定时必须将比色皿暗箱盖打开，使光路切断，以延长光电管使用寿命。

（8）关机：实验完毕，切断电源，将比色皿取出洗净，并将比色皿座架用软纸擦净。

比色皿的使用方法如下所述。

① 拿比色皿时，手指只能捏住比色皿的毛玻璃面，不要碰比色皿的透光面，以免沾污。

② 清洗比色皿时，一般先用水冲洗，再用蒸馏水洗净。如比色皿被有机物沾污，可用盐酸-乙醇混合洗涤液（1∶2）浸泡片刻，再用水冲洗。不能用碱溶液或氧化性强的洗涤液洗比色皿，以免损坏。也不能用毛刷清洗比色皿，以免损伤它的透光面。每次做完实验，应立即洗净比色皿。

③ 比色皿外壁的水用擦镜纸或细软的吸水纸吸干，以保护透光面。

④ 测定有色溶液的吸光度时，一定要用有色溶液洗比色皿内壁几次，以免改变有色溶液的浓度。另外，在测定一系列溶液的吸光度时，通常按由稀到浓的顺序测定，以减小测量误差。

（三）723N 型分光光度计的操作

（1）仪器启动：仪器开机后，初始界面如图 2-19 所示。

图 2-19 系统初始界面

（2）系统自检：在显示初始界面几秒钟后，仪器进入自检状态，如图 2-20 所示。

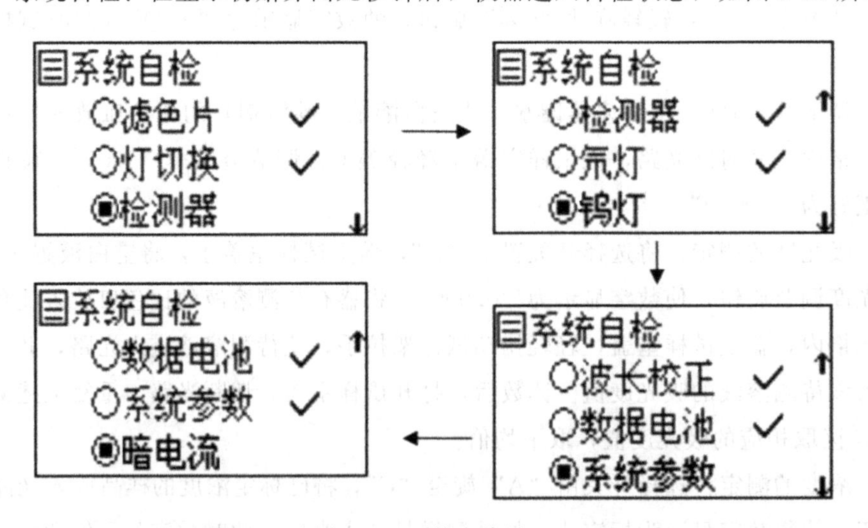

图 2-20 系统自检界面

（3）系统自检报错：如果任一项自检出错，系统都会鸣叫报警，同时显示错误项，用户按任意键继续自检下一项，如图 2-21 所示，暗电流太大，超出限定范围，请检查样品室后，在［系统设定］菜单中重新测定暗电流。

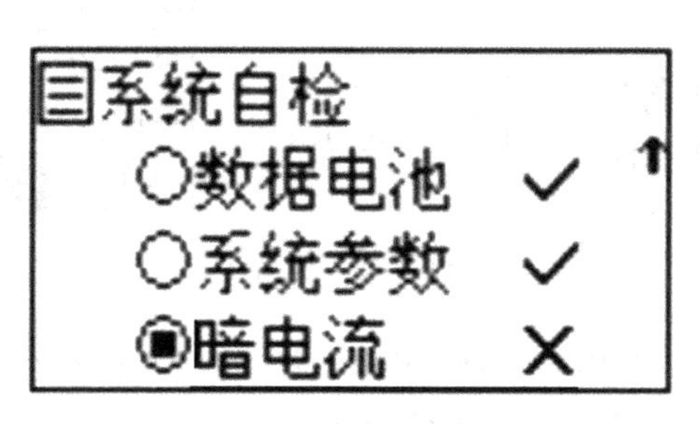

图 2-21　系统自检报错界面

（4）系统预热：自检结束后，仪器进入预热状态，预热时间 20min，预热结束后将重新检测暗电流。按任意键可跳过预热，如图 2-22 所示。

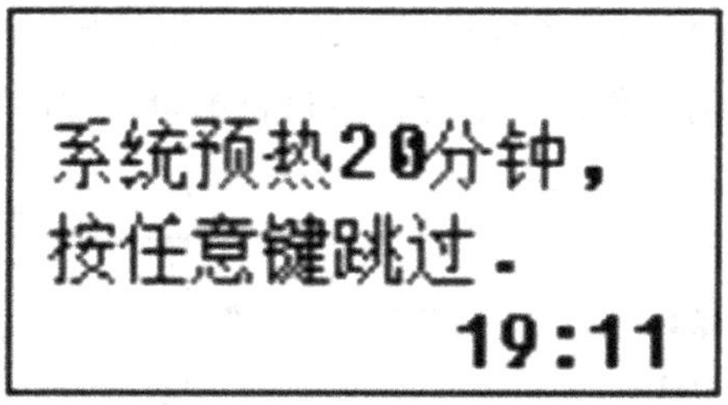

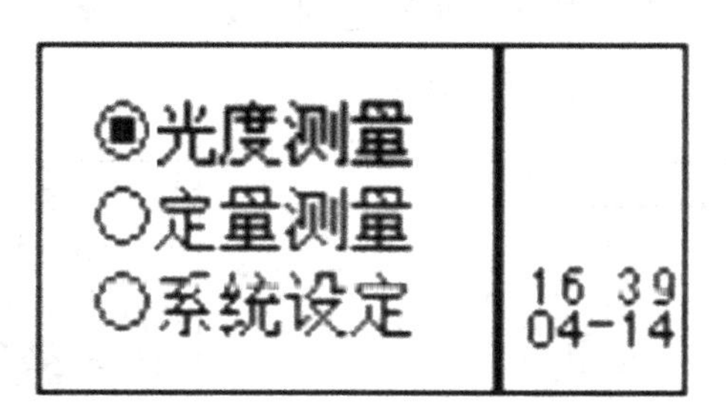

图 2-22　仪器预热界面

仪器自检完成后进入如图 2-23 所示的主菜单。

图 2-23　系统主菜单界面

使用键盘上的翻页键〈▲〉和〈▼〉使光标移动到相应的功能选项上，随后按〈ENTER〉键即可进入所选的相应功能：按〈RETURN〉键即可返回上一级目录，如图 2-24所示。

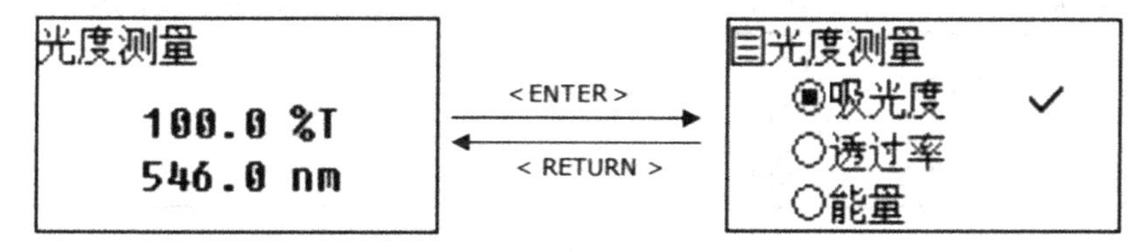

图 2-24　进行测量模式选择界面

（5）设定波长：在光度测量主界面下，按〈GOTOλ〉键可以进入波长设定界面，如图 2-25 所示：

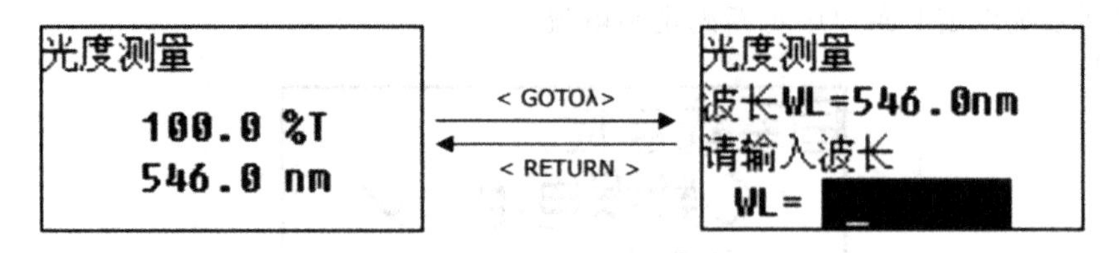

图 2-25 波长设置界面

在界面的底部提示信息处用数字键〈0〉～〈9〉和〈·〉输入波长，输入完后按〈ENTER〉键确认并返回上一级界面。输入值范围为 320～1100nm，否则视为无效，需要重新输入。当输入的数据无效时，系统会在蜂鸣三声后自动回到光度测量主界面。

（6）校正空白：在样品槽中放入参比溶液，并把其拉入光路中，按〈ZERO〉键进行调 0.000Abs/100.0%T。

（7）测量样品：把待测样品放入样品槽并拉入光路，按〈START〉键进入测量界面，再按〈START〉键可在当前工作波长下对样品进行测量，如图 2-26 所示：

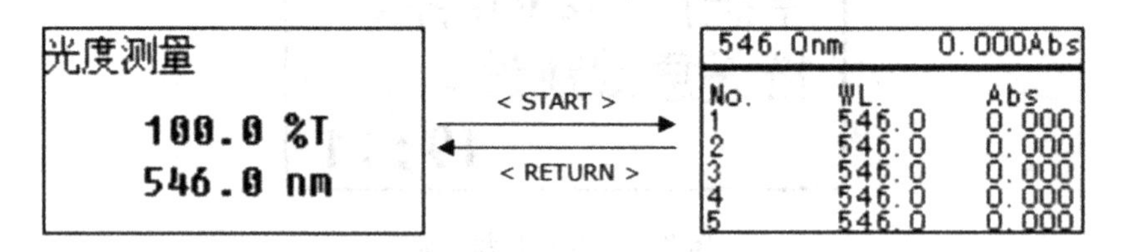

图 2-26 测定结果显示界面

每一屏只可显示 5 行数据，其余数据可通过〈▲〉或〈▼〉进行翻页显示。在测量界面下也可以设定工作波长，如图 2-27 所示：

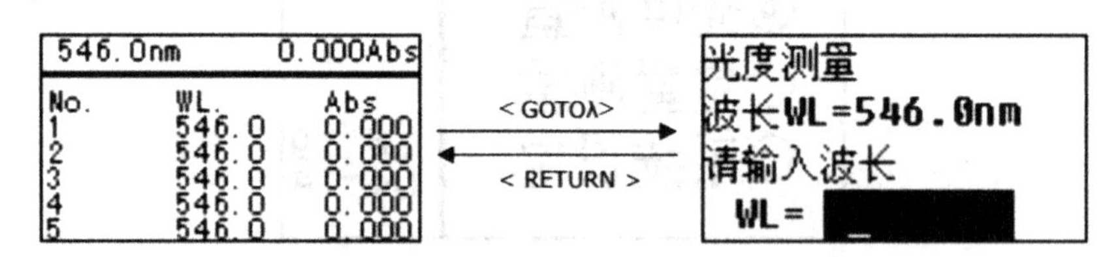

图 2-27 波长设定界面

（8）数据清除：如数据存储区满（共 200 个数据）或者想清除已测数据，可在测量结果显示界面按〈CLEAR〉键，然后选择［确认］，如图 2-28 所示：

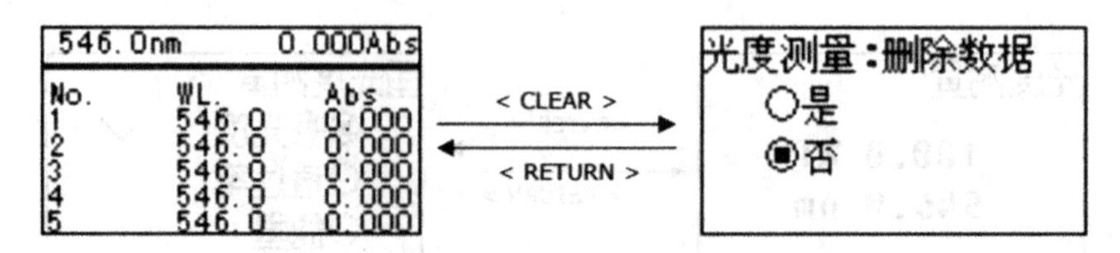

图 2-28 进入数据清除界面

（9）数据打印：连接专用打印机后，在测量结果显示界面下，如果想对已测数据进行打印，可直接按〈PRINT〉键进行打印设定界面，按［ENTER］键后系统开始打印，打印结束后，系统和屏幕数据将被自动清除。如果不想打印，可选择［取消打印］后按〈ENTER〉退出，也可直接按〈RETURN〉键返回测量结果显示界面，如图 2-29 所示。

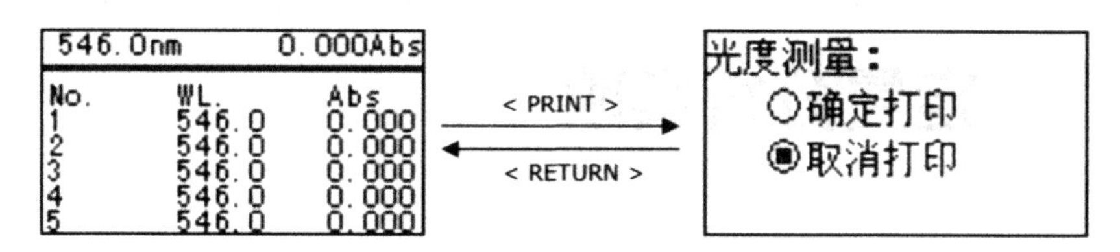

图 2-29　进入数据打印界面

第三章 定量分析实验

实验一 分析天平称量练习

一、实验目的

1. 了解电子天平的构造原理、使用方法及注意事项。

2. 通过称量练习进一步掌握电子天平的正确用法。

3. 学会用固定质量称量法和差减称量法称取试样。

4. 培养准确、整齐、简明地记录实验原始数据的习惯，不可涂改数据，不可将测量数据记录在实验记录本以外的任何地方。

二、实验原理

有关电子天平的构造、使用方法及注意事项参阅第二章第一节内容。由于电子天平的自重较轻，使用中容易因碰撞而发生移动，造成水平改变，影响称量结果的准确性，因此，操作过程中，动作需轻、慢、稳，切忌用力过猛、过快，以免损坏天平。

三、仪器与试剂

1. 仪器

电子天平（0.1mg），称量瓶，100mL 小烧杯。

2. 试剂

药品（如石英砂或 $K_2Cr_2O_7$ 粉末）。

四、实验步骤

1. 熟悉电子天平的称量程序

电子天平的称量程序一般是：调节水平、通电预热、开机、校正、称量和关机。学生要求重点练习称量步骤，使用开关键（on/off）和去皮/调零键（zero、O/T 或 TARE）。

（1）取下天平防尘罩，折叠整齐后放在天平顶部。检查天平的气泡水准器，如天平不处在水平位置，需调节水平。

（2）观察天平秤盘是否清洁，如有散落的试剂（或样品），则用专用的小毛刷清扫出去（需用纸或其他器物承接），注意此时天平应处于关闭状态。

（3）按开关键开启天平。显示屏出现“0.0000g”，如不是此数字，按去皮/调零键，调节零点。

（4）称量物放在天平秤盘中心，关好两侧边门。显示屏数字稳定并出现“g”后，记录数据。

（5）称量完毕，取出被称量的物品，如不需要再称样，按开关键（不需拔电源插头），关闭天平。清扫天平秤盘，关上边门。重新开启天平，观察并调整天平零点，再关闭天平。

（6）罩上天平防尘罩，填写仪器使用记录。

2. 称量练习

（1）直接称量法

调节天平零点后，取洁净干燥的小烧杯（拿取时使用纸带）置于秤盘中央，待数字显示稳定后，直接读取记录其质量 m。

（2）固定质量称量法

称取 0.5000g 的石英砂三份。在电子天平上准确称出洁净干燥的小烧杯的质量（可先在台秤上粗称），然后去皮，再用称样匙将石英砂逐步加入小烧杯中，接近所需称样量时，用左手手指轻击右手腕部，将称样匙中石英砂慢慢震落于容器内，当达到所需质量时停止加样，关上天平门，显示平衡后即可记录所称取试样的质量，固定质量称量法称量误差范围≤0.2mg。记录后打开天平门，取出容器，关好天平门。

（3）递减称量法（差减法）

称取三份试样 0.3～0.4g 于洁净的小烧杯中。用滤纸条[①]从干燥器中取出称量瓶，放在天平上称得质量，然后按 TARE 键清零。用滤纸条取出称量瓶，用纸片夹住瓶盖柄打开瓶盖，在接收器的上方倾斜瓶身，用瓶盖轻击瓶口使试样缓缓落入烧杯中。当估计试样接近所需量时，继续用瓶盖轻击瓶口，同时将瓶身缓缓竖直，用瓶盖敲击瓶口上部，使粘于瓶口的试样落入瓶中，倒完试样，把称量瓶慢慢竖起，在称量瓶上将盖盖好。再将称量瓶放入电子天平，显示的质量减少量即为试样质量。

五、数据记录与处理

表 1 天平称量练习

次数	1	2	3
直接称量法/g			
固定质量称量法/g			
递减称量法/g			
$\bar{d}_r$			

六、注释

① 差减法称量时，拿取称量瓶的原则是避免手指直接接触器皿，除用洁净的纸条包裹也可用“指套”“手套”拿称量瓶，以减少称量误差。

七、思考题

1. 用电子天平称量的方法有哪几种？固定称量法和递减称量法各有何优缺点？在什么情况下选用这两种方法？
2. 在实验中记录称量数据应精确至几位？为什么？
3. 递减称量法称量过程中能否用小勺取样，为什么？
4. 使用称量瓶时，如何操作才能保证试样不致损失？
5. 称量时，为什么每次均应将物体放在天平秤盘的中央？

实验二　滴定分析基本操作练习

一、实验目的

1. 学习并掌握滴定分析常用仪器的洗涤、准备和正确使用方法。

2. 通过练习滴定操作，初步掌握甲基橙、酚酞指示剂在化学计量点附近的变色情况，正确判断滴定终点，正确观察和记录消耗的滴定剂的体积。

二、实验原理

0.1mol·L^{-1} HCl溶液（强酸）和0.1mol·L^{-1} NaOH溶液（强碱）互相滴定时，在化学计量点时的pH为7.0，滴定突跃范围4.3～9.7，选用在突跃范围内变色的指示剂，可保证测定有足够的准确度。甲基橙指示剂（简写为MO）的pH变色区域是3.1（红）～4.4（黄），酚酞指示剂（简写为PP）的pH变色区域是8.0（无色）～9.6（红）。在指示剂不变的情况下，一定浓度的HCl溶液和NaOH溶液互相滴定时，所消耗的体积的比值V_{HCl}/V_{NaOH}应是一定的，改变滴定溶液的体积，此体积之比应基本不变。借此，可以检验滴定操作技术和判断终点的能力。

$$NaOH + HCl \xlongequal{} NaCl + H_2O$$

三、仪器与试剂

1. 仪器

酸式滴定管，碱式滴定管，容量瓶，移液管，试剂瓶，锥形瓶，烧杯，量筒，洗瓶，玻璃棒，滴管，洗耳球等。

2. 试剂

NaOH(s, AR)，12mol·L^{-1} HCl溶液，0.1%甲基橙（MO）溶液，0.2%酚酞（PP）乙醇溶液。

四、实验步骤

1. 溶液配制

(1) 0.10mol·L^{-1} NaOH溶液的配制①　用洁净的小烧杯于台秤上称取2.0g NaOH

(固体)，加水 30mL，待全部溶解后，转入 500mL 试剂瓶中，用少量纯水冲洗小烧杯数次，将洗液一并转入试剂瓶中，再加水至总体积约 500mL，盖上橡皮塞，摇匀。

(2) $0.10mol \cdot L^{-1}$ HCl 溶液的配制 在通风橱内用洁净的小量杯量取 $12mol \cdot L^{-1}$ HCl 约 4.3mL，倒入 500mL 试剂瓶中，加水稀释至 500mL 左右，盖上玻璃塞，摇匀。

2. 酸碱溶液的相互滴定

(1) 对滴定管进行检漏并洗涤后用 $0.10mol \cdot L^{-1}$ NaOH 溶液润洗碱式滴定管 2～3 次，每次用 5～10mL 溶液润洗。然后将滴定剂倒入碱式滴定管中，排出气泡，调节滴定管液面至 0.00 刻度。

(2) 用 $0.10mol \cdot L^{-1}$ HCl 溶液润洗酸式滴定管 2～3 次，每次用 5～10mL 溶液润洗。然后将滴定剂倒入酸式滴定管中，排出气泡，调节滴定管液面至 0.00 刻度。

(3) 以酚酞作为指示剂用 NaOH 溶液滴定 HCl

由酸式滴定管中放出约 25mL HCl（每次放出溶液需要准确记录读数）于 250mL 锥瓶中，加入 1～2 滴酚酞指示剂，用 NaOH 溶液滴定，注意控制滴定速度，当滴加的 NaOH 落点处周围红色褪去较慢时，表明接近终点，控制 NaOH 溶液一滴一滴或半滴半滴地滴出至溶液呈微红色（浅粉红色），且半分钟内不褪色②，记录读数。在前次读数的基础上，再由酸式滴定管中放出约 2mL HCl 溶液于同一锥形瓶中，使溶液的微红色褪去，再用 NaOH 溶液滴定至终点。继续加入约 2mL HCl 溶液于上述锥形瓶中，第三次滴定至终点。如此反复练习控制滴定速度、学会终点判断及正确记录数据。

(4) 以甲基橙作为指示剂用 HCl 溶液滴定 NaOH

由碱式滴定管中放出约 25mL NaOH（每次放出溶液需要准确记录读数）于 250mL 锥瓶中，加入 1～2 滴甲基橙指示剂，用 HCl 溶液滴定至溶液呈橙色，记录读数，注意控制滴定速度。在前次读数的基础上，再由碱式滴定管中放出约 2mL NaOH 溶液于同一锥形瓶中，使溶液的橙色褪成黄色，再用 HCl 溶液滴定至终点。继续加入约 2mL NaOH 溶液于上述锥形瓶中，第三次滴定至终点。如此反复练习控制滴定速度、学会终点判断及正确记录数据。

(5) HCl 和 NaOH 溶液的体积比 V_{HCl}/V_{NaOH} 的测定

由酸式滴定管准确放出 25mL HCl 于 250mL 锥瓶中，加入 1～2 滴酚酞指示剂，用 NaOH 溶液滴定至溶液呈微红色，且半分钟内不褪色，准确读取并记录 HCl 和 NaOH 溶液的体积读数，平行测定三次。计算 V_{HCl}/V_{NaOH}，要求相对平均偏差小于 0.3%。

五、数据记录与处理

表 1 NaOH 溶液滴定 HCl 溶液（PP 为指示剂）

次数	1	2	3
V_{HCl}/mL			
V_{NaOH}/mL			

表 2　HCl 溶液滴定 NaOH（MO 为指示剂）

次数	1	2	3
V_{NaOH}/mL			
V_{HCl}/mL			

表 3　HCl 和 NaOH 溶液的体积比 V_{HCl}/V_{NaOH}

次数	1	2	3
V_{HCl}/mL			
V_{NaOH}/mL			
V_{HCl}/V_{NaOH}			
$\bar{d}_r$			

六、注释

① 不含碳酸盐的 NaOH 溶液可用下列三种方法配制。

a. 在台秤上用小烧杯称取比理论量稍多的 NaOH 固体，用不含 CO_2 的纯水迅速冲洗一下，以除去固体表面少量的 $NaCO_3$，溶解并定容。

b. 制备 NaOH 的饱和溶液（$500g \cdot L^{-1}$）由于浓碱中 $NaCO_3$ 几乎不溶解，待 $NaCO_3$ 下沉后，吸取上层清液，稀释至所需浓度。稀释用水，一般是纯水煮沸数分钟后再冷却使用。

c. 在 NaOH 溶液中加入少量的 $Ba(OH)_2$ 或者 $BaCl_2$，CO_3^{2-} 就以 $BaCO_3$ 形式沉淀下来，取上层清液稀释至所需浓度。

② 用 NaOH 滴定 HCl，以酚酞为指示剂，终点为微红色，半分钟不褪色。经过较长时间慢慢褪去，是由于溶液中吸收了空气中的 CO_2 生成 H_2CO_3。

七、思考题

1. HCl 和 NaOH 溶液能直接配制准确浓度吗？为什么？

2. 配制 NaOH 溶液时，应选用何种天平称取试剂？为什么？

3. 在滴定分析实验中，滴定管、移液管为何需要用滴定剂和要移取的溶液润洗几次？滴定中使用的锥形瓶是否也要用滴定剂润洗？为什么？

4. 滴定至临近终点时加入半滴的操作是怎样进行的？

实验三 容量仪器的校准

一、实验目的

1. 了解容量仪器校准的意义，学习容量仪器校准的方法。
2. 初步掌握滴定管的校准、容量瓶的校准及移液管和容量瓶的相对校准。

二、实验原理

滴定管、移液管和容量瓶是分析实验中常用的玻璃量器，都具有刻度和标称容量。量器产品都允许有一定的容量误差。在准确度要求较高的分析测试中，对自己使用的一套量器进行校准是完全有必要的。

校准的方法有称量法和相对校准法。称量法的原理是，用分析天平称量被校量器中量入或量出的纯水的质量 m，再根据纯水的密度 ρ 计算出被校量器的实际容量。

测量液体体积的基本单位是升（L）。1L 是指在真空中，1kg 的水在最大密度时（3.98℃）所占的体积。即在 3.98℃和真空中称量所得的水的质量（以 kg 计），在数值上就等于它以升表示的体积。

由于玻璃的热胀冷缩，在不同温度下，量器的容积也不同。因此，规定使用玻璃量器的标准温度为 20℃。各种量器上标出的刻度和容量，称为在标准温度 20℃时量器的标称容量。但是在实际校准工作中，容器中水的质量是在室温下和空气中称量的。因此必须考虑如下三个方面的影响：

① 由于空气浮力使质量改变的校准；

② 由于水的密度随温度而改变的校准；

③ 由于玻璃容器本身容积随温度而改变的校准。

考虑了上述的影响，可得出 20℃容量为 1L 的玻璃容器，在不同温度时所盛水的质量（见表 1），据此计算量器的校正值十分方便。

如某支 25mL 移液管在 25℃放出的纯水质量为 24.921g；密度为 $0.99617\text{g}\cdot\text{mL}^{-1}$，计算该移液管在 20℃时的实际容积。

$$V_{20}=\frac{24.921\text{g}}{0.99617\text{g}\cdot\text{mL}^{-1}}=25.02\text{mL}$$

则这支移液管的校准值为 25.02mL−25.00mL=0.02mL。

需要特别指出的是：校准不当和使用不当都是产生容量误差的主要原因，其误差甚至可能超过允许误差或量器本身的误差。因而在校准时务必正确、仔细地进行操作，尽量减

表 1　不同温度下 1L 水的质量（在空气中用黄铜砝码称量）

t/℃	m/g	t/℃	m/g	t/℃	m/g
10	998.39	19	997.34	28	995.44
11	998.33	20	997.18	29	995.18
12	998.24	21	997.00	30	994.91
13	998.15	22	996.80	31	994.64
14	998.04	23	996.60	32	994.34
15	997.92	24	996.38	33	994.06
16	997.78	25	996.17	34	993.75
17	997.64	26	995.93	35	993.45
18	997.51	27	995.69		

小校准误差。凡要使用校准值的，其校准次数不应少于两次，且两次校准数据的偏差应不超过该量器容量允许误差的 1/4，并取其平均值作为校准值。

有时，只要求两种容器之间有一定的比例关系，而无须知道它们各自的准确体积，这时可用容量相对校准法。经常配套使用的移液管和容量瓶，采用相对校准法更为重要。例如，用 25mL 移液管移取蒸馏水于干净且倒立晾干的 100mL 容量瓶中，到第 4 次重复操作后，观察瓶颈处水的弯月面下缘是否刚好与刻线上缘相切。若不相切，应重新作一记号为标线，以后此移液管和容量瓶配套使用时就用校准的标线。

为了更全面、详细地了解容量仪器的校准，可参考 JJG 196—2006《常用玻璃量器检定规程》。

三、仪器与试剂

1. 仪器

分析天平，50mL 滴定管，100mL 容量瓶。25mL 移液管，50mL 锥形瓶，带磨口玻璃塞。

2. 试剂

水。

四、实验步骤

1. 滴定管的校准（称量法）

将已洗净且外表干燥的带磨口玻璃塞的锥形瓶[①]放在分析天平上称量，得空瓶质量 $m_{瓶}$，记录至 0.001g 位。

再将已洗净的滴定管盛满纯水，调至 0.00mL 刻度处，从滴定管中放出一定体积（记为 V_0），如放出 5mL 的纯水于已称量的锥形瓶[②]中，盖紧塞子，称出“瓶＋水”的质量 $m_{瓶+水}$，两次质量之差即为放出之水的质量 $m_{水}$。用同法称量滴定管从 0 到 10mL，0 到 15mL，0 到 20mL，0 到 25mL 等刻度间的 $m_{水}$，用实验水温[③]时水的密度与每次放出的

水的质量 $m_{水}$ 相除，即可得到滴定管各部分的实际容量 V_{20}，重复校准一次，两次相应区间的水质量相差应小于 0.02g（为什么?），求出平均值，并计算校准值 ΔV（即 $V_{20}-V_0$）。以 V_0 为横坐标，ΔV 为纵坐标，绘制滴定管校准曲线。

现将一支 50mL 滴定管在水温 21℃校准的部分实验数据列于表 2。

表 2 50mL 滴定管校正表（水温 21℃，$\rho=0.99700\text{g·mL}^{-1}$）

V_0/mL	$m_{瓶+水}$/g	$m_{瓶}$/g	$m_{水}$/g	V_{20}/mL	$\Delta V_{校正值}$/mL
0.00～5.00	34.148	29.207	4.941	4.96	−0.04
0.00～10.00	39.317	29.315	10.002	10.03	+0.03
0.00～15.00	44.304	29.350	14.954	15.00	0.00
0.00～20.00	49.395	29.434	19.961	20.02	+0.02
0.00～25.00	54.286	29.383	24.903	24.98	−0.02
……					

移液管和容量瓶也可用称量法进行校准。校准容量瓶时，称准至 0.01g 即可。

2. 移液管和容量瓶的相对校准

用洁净的 25mL 移液管移取纯水于干净且晾干的 100mL 容量瓶中，重复操作 4 次后，观察液面的弯月面下缘是否恰好与标线上缘相切，若不相切，则用胶布在瓶颈上另作标记，以后实验中，此移液管和容量瓶配套使用时，应以新标记为准。

五、注释

① 拿取锥形瓶时，可如拿取称量瓶那样用纸条（三层以上）套取。

② 锥形瓶磨口部位不要沾到水。

③ 测量实验水温时，须将温度计插入水中 5～10min 后才读数，读数时温度计球部仍应浸在水中。严格来说，必须使用分度值为 0.1℃的温度计。

六、思考题

1. 校准滴定管时，锥形瓶和水的质量只需称准到 0.001g，为什么?

2. 容量瓶校准时为什么需要晾干? 在用容量瓶配制标准溶液时是否也要晾干?

3. 在实际分析工作中如何应用滴定管的校准值?

4. 分段校准滴定管时，为什么每次都要从 0.00mL 开始?

5. 试写出以称量法对移液管（单标线吸量管）进行校准的简要步骤。

实验四　盐酸和氢氧化钠溶液的配制和标定

一、实验目的

1. 学会配制 HCl 和 NaOH 标准溶液和用基准物质标定溶液。
2. 学习酸碱标准溶液的配制、标定和浓度的比较。
3. 学习滴定操作，掌握准确的确定终点的方法。
4. 学习滴定分析中容量器皿等的正确使用。
5. 熟悉指示剂的性质和终点颜色的变化。

二、实验原理

1. 标定 NaOH

邻苯二甲酸氢钾（$KHC_8H_4O_4$）易制得纯品，在空气中不吸水，容易保存，且摩尔质量较大，是一种较好的基准物质，标定反应为：

$$KHC_8H_4O_4 + NaOH = KNaC_8H_4O_4 + H_2O$$

反应产物为二元弱碱，在水溶液中显弱碱性，可选用酚酞作为指示剂。邻苯二甲酸氢钾通常在 105～110℃下干燥 2h 后备用。另外，草酸（$H_2C_2O_4 \cdot 2H_2O$）基准物质也可用于标定 NaOH。

2. 标定 HCl

（1）无水碳酸钠（Na_2CO_3），它易吸收空气中的水分，先将其置于 270～300℃干燥 1h，然后保存于干燥器中备用，标定反应为：

$$2HCl + Na_2CO_3 = 2NaCl + CO_2\uparrow + H_2O$$

计量点时，为 H_2CO_3 饱和溶液，pH=3.9，以甲基橙为指示剂应滴至溶液呈橙色为终点，为使 H_2CO_3 的饱和部分不断分解逸出，临近终点时应将溶液剧烈摇动或加热。

（2）硼砂（$Na_2B_4O_7 \cdot 10H_2O$），它易于制得纯品，吸湿性小，摩尔质量大，但由于含有结晶水，当空气中相对湿度小于 39%时，有明显的风化而失水的现象，常保存在相对湿度为 60%的恒温器（下置饱和的蔗糖和食盐溶液）中。标定反应为：

$$2HCl + Na_2B_4O_7 + 5H_2O = 4H_3BO_3 + 2NaCl$$

产物 H_3BO_3，其水溶液 pH 约为 5.1，可用甲基红作为指示剂。

三、仪器与试剂

1. 仪器

酸式滴定管，碱式滴定管，容量瓶，移液管，试剂瓶，锥形瓶，烧杯，量筒，洗瓶，玻璃棒，滴管，洗耳球等。

2. 试剂

NaOH(s，AR)；浓 HCl；0.1%甲基橙（MO）溶液；0.2%酚酞（PP）乙醇溶液；邻苯二甲酸氢钾（$KHC_8H_4O_4$）基准试剂或分析纯试剂；无水碳酸钠（Na_2CO_3，优级纯）。

四、实验步骤

1. 0.1mol·L^{-1}NaOH 溶液的配制及标定①

用洁净的小烧杯于台秤上称取 2.0g NaOH(固体)，加水 30mL，待全部溶解后，转入 500mL 试剂瓶中，用少量纯水冲洗小烧杯数次，将洗液一并转入试剂瓶中，再加水至总体积约 500mL，盖上橡皮塞，摇匀。

准确称取三份邻苯二甲酸氢钾各 0.4～0.5g，分别置于 250mL 锥形瓶中，加水 25mL 使之溶解（如不易溶解，可加热至溶液微热使之溶解），加入 1～2 滴酚酞指示剂，用 0.10mol·L^{-1} NaOH 溶液滴定至溶液呈微红色，在半分钟内不褪色即为终点。平行标定三次，记下每份滴定时所消耗的 NaOH 溶液体积，根据消耗的 NaOH 体积和邻苯二甲酸氢钾用量即可计算 NaOH 溶液的准确浓度，其相对平均偏差应小于 0.2%。

2. 0.10mol·L^{-1} HCl 溶液的配制及标定

在通风橱内用洁净的小量杯量取浓盐酸约 8.3mL，倒入 500mL 试剂瓶中，加水稀释至 500mL 左右，盖上玻璃塞，摇匀。

准确称取无水碳酸钠 Na_2CO_3，平行三份，每份约为 0.10～0.12g（或准确称取1.0～1.2g 无水 Na_2CO_3 溶解后，在容量瓶中配成 250mL，用移液管移取 25.00mL），分别置于 250mL 锥形瓶内，加水 20mL 溶解，加甲基橙指示剂 1～2 滴，然后用 0.10mol·L^{-1}盐酸溶液滴定至溶液由黄色变为橙色，即为终点。由碳酸钠的质量及实际消耗的盐酸的体积计算溶液的物质的量浓度，其相对平均偏差应小于 0.2%。

五、数据记录与处理

表 1 HCl 溶液的标定

次数	1	2	3
$m_{Na_2CO_3}$/g			
V_{HCl}/mL			
c_{HCl}/mol·L^{-1}			
$\bar{c}_{HCl}$/mol·L^{-1}			
$\bar{d}_r$			

注：

表 2 NaOH 溶液的标定

次数	1	2	3
m_{KHP}/g			
V_{NaOH}/mL			
c_{NaOH}/mol·L^{-1}			
$\bar{c}_{NaOH}$/mol·L^{-1}			
$\bar{d}_r$			

注：

六、注释

① 在 CO_2 存在下终点变色不够敏锐，因此，在接近滴定终点之前，最好把溶液加热至沸，并摇动以赶走 CO_2，冷却后再滴定。

七、思考题

1. 配制酸碱标准溶液时，为什么用量筒量取 HCl，用台秤称取 NaOH(s)，而不用吸量管和分析天平？

2. 如何计算称取基准物邻苯二甲酸氢钾或 Na_2CO_3 的质量范围？称得太多或太少对标定有何影响？

3. 溶解基准物质时加入 20～30mL 水，需用量筒量取，还是用移液管移取？为什么？

4. 如果基准物未烘干，将使标准溶液浓度的标定结果偏高还是偏低？

实验五 铵盐中氮含量的测定（甲醛法）

一、实验目的

1. 掌握用甲醛法测定铵盐中氮的原理和方法，了解酸碱滴定法在生产中的应用。

2. 了解弱酸强化的基本原理。

3. 熟练掌握 NaOH 溶液的配制、标定方法，进一步掌握碱式滴定管的操作和滴定终点的判断。

4. 掌握递减称量法。

二、实验原理

铵盐是常见的无机化肥，是强酸弱碱盐，可用酸碱滴定法测定其含量，但由于 NH_4^+ 的酸性太弱（$K_a=5.6\times10^{-10}$），直接用 NaOH 标准溶液滴定有困难，生产和实验室中广泛采用甲醛法测定铵盐中的含氮量。

甲醛与一定量的铵盐发生反应，生成酸（H^+）和六次甲基四铵盐（$K_a=7.1\times10^{-6}$），反应如下：

$$4NH_4^+ + 6HCHO = (CH_2)_6N_4H^+ + 3H^+ + 6H_2O$$

这里 4mol NH_4^+ 生成的 3mol 的 H^+ 和 1mol 的 $(CH_2)_6N_4H^+$（$K_a=7.1\times10^{-6}$）（混合酸）可用 NaOH 标准溶液滴定，化学计量点时产物为 $(CH_2)_6N_4$，其水溶液呈弱碱性，可以用酚酞为指示剂。氮与 NaOH 的计量关系是 1∶1，计算：

$$N\% = \frac{(cV)_{NaOH}M_N/1000}{m}\times100$$

式中，M_N 为氮原子的摩尔质量，$14.01g\cdot mol^{-1}$。

若试样中含有游离酸，加甲醛之前应事先以甲基红为指示剂，用 NaOH 溶液预中和至甲基红变为黄色（pH≈6），再加入甲醛，以酚酞为指示剂，用 NaOH 标准溶液滴定强化后的产物。

三、仪器与试剂

1. 仪器

电子天平，碱式滴定管，移液管，试剂瓶，锥形瓶，烧杯，量筒，洗瓶，玻璃棒，滴管，洗耳球等。

2. 试剂

NaOH（s，AR），0.2%甲基红（MR）溶液，0.2%酚酞（PP）乙醇溶液，邻苯二甲酸氢钾（$KHC_8H_4O_4$）基准试剂或分析纯试剂，1∶1甲醛溶液，硫酸铵试样或氯化铵试样。

四、实验步骤

1. $0.1mol \cdot L^{-1}$ NaOH溶液的配制及标定

详见实验四。

2. 甲醛溶液的处理

甲醛中常含有微量甲酸，是由甲醛受空气氧化所致，应除去，否则产生正误差。处理方法如下：取原装甲醛（40%）的上层清液于烧杯中，用水稀释一倍，加入1～2滴酚酞指示剂，用$0.1mol \cdot L^{-1}$ NaOH溶液中和至甲醛溶液呈淡红色①。

3. 试样中含氮量的测定

准确称取0.4～0.5g的NH_4Cl或1.6～1.8g的$(NH_4)_2SO_4$于烧杯中，用适量蒸馏水溶解，然后定量地移至250mL容量瓶中，用蒸馏水稀释至刻度，摇匀。用移液管移取试液25mL于锥形瓶中，加1～2滴甲基红指示剂，溶液呈红色，用$0.1mol \cdot L^{-1}$ NaOH溶液中和至红色转为黄色②，然后加入8mL已中和的1∶1甲醛溶液，再加入1～2滴酚酞指示剂，摇匀，静置1min后，用$0.1mol \cdot L^{-1}$ NaOH标准溶液滴定至溶液淡红色持续半分钟不褪，即为终点③。记录读数，平行测定三份。根据NaOH标准溶液的浓度和滴定消耗的体积，计算试样中氮的含量。

五、数据记录与处理

表1　NaOH浓度的标定

次数	1	2	3
m_{KHP}/g			
V_{NaOH}/mL			
$c_{NaOH}/mol \cdot L^{-1}$			
$\bar{c}_{NaOH}/mol \cdot L^{-1}$			
$\bar{d}_r$			

注：

表 2 试样中含氮量的测定

次数	1	2	3
$m_{(NH_4)_2SO_4}/g$			
$V_{(NH_4)_2SO_4}/mL$			
V_{NaOH}/mL			
N/%			
$\overline{N}$/%			
$\overline{d}_r$			

注：

六、注释

① 甲醛常以白色聚合状态存在，称为多聚甲醛。甲醛溶液中含有的少量多聚甲酸不影响滴定。

② 中和游离酸所消耗的 NaOH，其体积不计。

③ 由于溶液中已经有甲基红，再用酚酞为指示剂，存在两种变色范围不同的指示剂，用 NaOH 滴定时，溶液颜色由红转变为浅黄色（pH 约为 6.2），再转变为淡红色（pH 约为 8.2）。终点为甲基红的黄色和酚酞红色的混合色。

七、思考题

1. 铵盐中氮的测定为何不采用 NaOH 直接滴定法？

2. 为什么中和甲醛试剂中的甲酸时以酚酞作为指示剂，而中和铵盐试样中的游离酸则以甲基红作为指示剂？

3. NH_4HCO_3 中含氮量的测定，能否用甲醛法？

实验六　双指示剂法测定混合碱的组成与含量

一、实验目的

1. 学习双指示剂法判断混合碱的组成，测定其中各组分的含量和总碱量的原理和方法。

2. 熟练掌握 HCl 溶液的配制、标定方法，进一步掌握酸式滴定管的操作和滴定终点的判断。

3. 掌握递减称量法。

二、实验原理

工业混合碱一般有两种形式：Na_2CO_3 与 NaOH 或 Na_2CO_3 与 $NaHCO_3$ 的混合物，可采用 HCl 标准溶液作为滴定剂，使用酚酞和甲基橙双指示剂法进行分析，测定各组分的含量。

在混合碱的试液中加入酚酞指示剂，用 HCl 标准溶液滴定至溶液呈微红色。此时试液中所含 NaOH 完全被中和，Na_2CO_3 也被滴定成 $NaHCO_3$（计量点 pH=8.32），反应如下：

$$NaOH + HCl = NaCl + H_2O$$

$$Na_2CO_3 + HCl = NaCl + NaHCO_3$$

设滴定体积 V_1 mL。再加入甲基橙指示剂，继续用 HCl 标准溶液滴定至溶液由黄色变为橙色即为终点。此时 $NaHCO_3$ 被中和成 H_2CO_3（计量点 pH=3.89），反应如下：

$$NaHCO_3 + HCl = NaCl + H_2O + CO_2\uparrow$$

设此时消耗 HCl 标准溶液的体积 V_2 mL。根据 V_1 和 V_2 可以判断出混合碱的组成。设试液的体积为 VmL。

（1）当 $V_1 > V_2$ 时，试液为 NaOH 和 Na_2CO_3 的混合物，NaOH 和 Na_2CO_3 的含量（以质量百分比 w 表示）可由下式计算：

$$w_{NaOH} = \frac{(V_1 - V_2)c_{HCl}M_{NaOH}}{m_s}$$

$$w_{Na_2CO_3} = \frac{2V_2c_{HCl}M_{Na_2CO_3}}{2m_s}$$

（2）当 $V_1 < V_2$ 时，试液为 Na_2CO_3 和 $NaHCO_3$ 的混合物，Na_2CO_3 和 $NaHCO_3$ 的含量（以质量百分比 w 表示）可由下式计算：

$$w_{Na_2CO_3}=\frac{2V_1c_{HCl}M_{Na_2CO_3}}{2m_s}$$

$$w_{NaHCO_3}=\frac{(V_2-V_1)c_{HCl}M_{NaHCO_3}}{m_s}$$

如仅需测定工业混合碱的总碱量，不用确定具体成分，则只要加入甲基橙一种指示剂，用 HCl 标准溶液滴定至终点时，消耗的总体积应为 V_1+V_2，并用 Na_2O 或 Na_2CO_3 的含量来表示其总碱量。

三、仪器与试剂

1. 仪器

电子天平，酸式滴定管，移液管，试剂瓶，锥形瓶，烧杯，量筒，洗瓶，玻璃棒，滴管，洗耳球等。

2. 试剂

浓 HCl，0.1%甲基橙（MO）溶液，0.2%酚酞（PP）乙醇溶液，无水碳酸钠（Na_2CO_3，优级纯）。

四、实验步骤

1. 0.1mol·L^{-1} HCl 溶液的配制及标定

详见本章实验四。

2. 混合碱的测定

用移液管移取 25.00mL 混合碱溶液于 250mL 锥形瓶中，加 2～3 滴酚酞①，以 0.10mol·L^{-1} HCl 标准溶液滴定至红色变为微红色②，为第一终点，记下 HCl 标准溶液体积 V_1，再加入 2 滴甲基橙，继续用 HCl 标准溶液滴定至溶液由黄色恰变橙色③，为第二终点，记下 HCl 标准溶液体积 V_2。平行测定三次，根据 V_1、V_2 的大小判断混合物的组成，计算各组分的含量。

五、数据记录与处理

表 1 HCl 标准溶液的标定

次数	1	2	3
$m_{Na_2CO_3}$/g			
V_{HCl}/mL			
c_{HCl}/mol·L^{-1}			
$\bar{c}_{HCl}$/mol·L^{-1}			
$\bar{d}_r$			

注：

表 2　混合碱的测定

次数	1	2	3
混合碱体积/mL			
V_1/mL			
V_2/mL			
$\overline{V}_1$/mL			
$\overline{V}_2$/mL			
因为 V_1　　V_2	所以组分为		
w_{NaOH}			
$w_{Na_2CO_3}$			
w_{NaHCO_3}			

注：根据 V_1 和 V_2 关系，先判断混合碱组分，再进行相应组分含量计算。

六、注释

① 混合碱由 NaOH 和 Na_2CO_3 组成时，酚酞指示剂可适当多加几滴，否则常因滴定不完全使 NaOH 的测定结果偏低，Na_2CO_3 的测定结果偏高。

② 最好用 $NaHCO_3$ 的酚酞溶液（浓度相当）做对照。在达到第一终点前，不要因为滴定速度过快，造成溶液中 HCl 局部过浓，引起 CO_2 的损失，带来较大的误差，滴定速度也不能太慢，摇动要均匀。

③ 近终点时，一定要充分摇动，以防因形成 CO_2 的过饱和溶液而使终点提前到达。

七、思考题

1. 用双指示剂法测定混合碱组成的方法、原理是什么？

2. 采用双指示剂法测定混合碱，判断下列五种情况下混合碱的组成是什么？

(1) $V_1=0$，$V_2>0$；(2) $V_1>0$，$V_2=0$；(3) $V_1>V_2$；(4) $V_1<V_2$；(5) $V_1=V_2$。

实验七 有机酸摩尔质量的测定

一、实验目的

1. 掌握酸碱滴定的基本条件和有机酸摩尔质量测定的原理和方法。
2. 掌握用基准物标定 NaOH 溶液浓度的方法。
3. 学习移液管和容量瓶的使用方法，学习溶液的定量转移操作。

二、实验原理

绝大多数有机酸为弱酸，如草酸、酒石酸、柠檬酸等，其特点是能溶于水，当有机酸的各级解离常数与浓度的乘积均大于 10^{-8} 时，有机酸中的氢均能被准确滴定。对于同一物质，其相邻的 K_{a_i} 比值均小于 10^5，不能分步滴定，这种情况下滴定的是酸的总量。它们和 NaOH 溶液的反应为：

$$n\mathrm{NaOH}+\mathrm{H}_n\mathrm{A} = \mathrm{Na}_n\mathrm{A}+n\mathrm{H_2O}$$

用酸碱滴定法，可以测得有机酸的摩尔质量。测定时，n 值须已知。由于滴定产物是强碱弱酸盐，滴定突跃在碱性范围内，因此可选用酚酞作为指示剂。

有机酸摩尔质量的计算公式：

$$M_{有机酸}=\frac{m_{有机酸}\times\dfrac{25}{100}\times n\times1000}{(cV)_{\mathrm{NaOH}}}$$

三、仪器与试剂

1. 仪器

电子天平，碱式滴定管，移液管，试剂瓶，锥形瓶，烧杯，量筒，洗瓶，玻璃棒，滴管，洗耳球等。

2. 试剂

NaOH(s，AR)，0.2%酚酞（PP）乙醇溶液，邻苯二甲酸氢钾（$\mathrm{KHC_8H_4O_4}$）基准试剂或分析纯试剂，有机酸（酒石酸，AR）。

四、实验步骤

1. 0.1mol·L^{-1} NaOH 溶液的配制及标定

详见本章实验4。

2. 有机酸摩尔质量测定

用递减称量法准确称取试样1.8～2.0g有机酸（酒石酸）于100mL烧杯中，加20～30mL水溶解，定量转入250mL容量瓶中，用水冲洗烧杯数次，一并转入容量瓶中，然后用水稀释至刻度，摇匀。用移液管平行移取25.00mL试液于250mL锥形瓶中，加酚酞指示剂1～2滴。用NaOH标准溶液滴定至溶液由无色变为微红色，半分钟内不褪色，即为终点，记录所消耗NaOH标准溶液的体积，平行测定3次。计算有机酸摩尔质量及相对平均偏差（小于0.2%）。

五、数据记录与处理

表1 NaOH浓度的标定

次数	1	2	3
m_{KHP}/g			
V_{NaOH}/mL			
c_{NaOH}/mol·L^{-1}			
$\bar{c}_{NaOH}$/mol·L^{-1}			
$\bar{d}_r$			

注：

表2 有机酸摩尔质量的测定

次数	1	2	3
$m_{有机酸}$/g			
$V_{有机酸}$/mL			
V_{NaOH}/mL			
$M_{有机酸}$/g·mol^{-1}			
$\bar{M}_{有机酸}$/g·mol^{-1}			
$\bar{d}_r$			

注：

六、思考题

① 如NaOH标准溶液在保存过程中吸收了空气中的CO_2，用该标准溶液测定某有机酸的摩尔质量、NaOH浓度是否会改变？测定结果有何影响？

② 草酸、柠檬酸、酒石酸等多元有机酸能否用NaOH溶液分步滴定？

③ $Na_2C_2O_4$能否作为酸碱滴定的基准物质？为什么？

实验八 食用白醋中醋酸浓度的测定

一、实验目的

1. 熟练掌握滴定管、容量瓶、移液管的使用方法和滴定操作技术。
2. 掌握 NaOH 标准溶液的配制和标定方法。
3. 了解强碱滴定弱酸的反应原理及指示剂的选择。
4. 学会食醋中总酸度的测定方法。

二、实验原理

食醋的主要组分是醋酸，为有机弱酸（$K_a=1.8\times10^{-5}$），此外还含有少量其他有机酸，如乳酸等。可以用 NaOH 标准溶液滴定测出酸的总含量。在化学计量点时溶液呈弱碱性，滴定突跃（7.74～9.70）在碱性范围内，选用酚酞作为指示剂（8.0～9.6），以醋酸的质量浓度（$g\cdot100mL^{-1}$）表示。

$$HAc+NaOH=NaAc+H_2O$$

$$c_{HAc}=\frac{(cV)_{NaOH}\times10^{-3}\times M_{HAc}\times100}{\frac{25}{250}\times V_{白醋}}(g\cdot100mL^{-1})$$

三、仪器与试剂

1. 仪器

电子天平，碱式滴定管，移液管，试剂瓶，锥形瓶，烧杯，量筒，洗瓶，玻璃棒，滴管，洗耳球等。

2. 试剂

NaOH(s，AR)，0.2%酚酞（PP）乙醇溶液，邻苯二甲酸氢钾（$KHC_8H_4O_4$）基准试剂或分析纯试剂，白醋（市售）。

四、实验步骤

1. 0.1$mol\cdot L^{-1}$ NaOH 溶液的配制及标定

详见本章实验四。

2. 食用白醋含量的测定

准确移取食用白醋 25.00mL 置于 250mL 容量瓶中，用蒸馏水稀释至刻度，摇匀。用 25mL 移液管分别移取 3 份上述溶液置于 250mL 锥形瓶中，加入 2～3 滴酚酞指示剂，用 NaOH 标准溶液滴定至呈微红色并保持 30s 不褪即为终点。计算每 100mL 食用白醋中醋酸的质量。

五、数据记录与处理

表 1　NaOH 浓度的标定

次数	1	2	3
m_{KHP}/g			
V_{NaOH}/mL			
$c_{NaOH}/mol \cdot L^{-1}$			
$\bar{c}_{NaOH}/mol \cdot L^{-1}$			
$\bar{d}_r$			

注：

表 2　食用白醋含量的测定

次数	1	2	3
V_{HAc}/mL	25.00		
$c_{NaOH}/mol \cdot L^{-1}$			
V_{NaOH}/mL			
$c_{HAc}/g \cdot 100mL^{-1}$			
$\bar{c}_{HAc}/g \cdot 100mL^{-1}$			
$\bar{d}_r$			

注：

六、思考题

1. 常用的标定 NaOH 标准溶液的基准物质有哪几种？

2. 称取 NaOH 和 $KHC_8H_4O_4$ 各用什么天平？为什么？

实验九 EDTA标准溶液的配制和标定

一、实验目的

1. 掌握络合滴定的原理，了解络合滴定的特点。
2. 学习 EDTA 标准溶液的配制和标定方法。
3. 了解金属指示剂的特点，熟悉二甲酚橙、钙指示剂的使用及终点颜色的变化。

二、实验原理

乙二胺四乙酸（简称 EDTA，常用 H_4Y 表示）难溶于水，分析化学中通常使用其二钠盐（$Na_2H_2Y \cdot 2H_2O$）。22℃时溶解度为 $120g \cdot L^{-1}$，可配制 $0.3mol \cdot L^{-1}$ 以下的溶液。通常以间接法配制标准溶液。

标定 EDTA 溶液常用的基准物有金属 Zn、Bi、Cu、Ni、Pb 等，氧化物 ZnO、Bi_2O_3 等及盐类 $CaCO_3$、$MgSO_4 \cdot 7H_2O$ 等。通常选用其中含有与被测物组分相同的物质作为基准物，这样，滴定条件一致，可减少系统误差。本实验主要学习 $CaCO_3$ 和 Zn 或 ZnO 作为基准物，以钙指示剂和二甲酚橙指示剂为金属指示剂标定 EDTA 标准溶液原理及方法。

金属指示剂是一些有色的有机配合剂，在一定条件下能与金属离子形成有色配合物，其颜色与游离指示剂的颜色不同，因此用它能指示滴定过程中金属离子浓度的变化情况，但其用量要适当。配位反应比酸碱反应进行慢，在滴定过程中，EDTA 溶液滴加速度不能太快，尤其近终点时，应逐滴加入，充分摇动。

以 $CaCO_3$ 为基准物时，用钙指示剂作为指示剂。在 pH≥12 条件下，游离的钙指示剂为纯蓝色，Ca^{2+} 与钙指示剂（常以 H_3In 表示）结合形成比较稳定的酒红色的 $CaIn^-$ 配位离子，使溶液呈现酒红色。当用 EDTA 标准溶液滴定时，由于 EDTA 能与 Ca^{2+} 形成比 $CaIn^-$ 更稳定的无色的 CaY^{2-}，反应到达化学计量点时释放出游离的钙指示剂，溶液的颜色由酒红色变为纯蓝色，反应方程式为：

$$CaIn^-(\text{酒红色}) + H_2Y^{2-} \rightleftharpoons CaY^{2-}(\text{无色}) + HIn^{2-}(\text{纯蓝色}) + H^+$$

当有 Mg^{2+} 存在时，颜色变化更敏锐，因此在只有 Ca^{2+} 存在时，常常加入少量 Mg^{2+}。用此方法标定的 EDTA 标准溶液，可用于测定石灰石或白云石中 CaO、MgO 含量，也可以用于测定水中钙硬度。这样基准物和被测组分含有相同的组分，使得测定条件一致，可以减少误差。

以 Zn 或 ZnO 为基准物时，用二甲酚橙作为指示剂。在 pH=5～6 条件下，游离的二甲酚橙为黄色，Zn^{2+}与二甲酚橙结合形成比较稳定的紫红色配合离子，使溶液呈现紫红色。当用EDTA标准溶液滴定时，由于EDTA能与Zn^{2+}形成更稳定的无色CaY^{2-}，反应到达化学计量点时释放出游离的二甲酚橙指示剂，溶液的颜色由紫红色变为亮黄色。

用此方法标定的EDTA标准溶液，可用于铅、铋混合液中铅、铋含量的测定，也可以用于水总硬度测定。

三、仪器与试剂

1. 仪器

电子天平，酸式滴定管，移液管，试剂瓶，锥形瓶，烧杯，量筒，洗瓶，玻璃棒，滴管，洗耳球等。

2. 试剂

(1) 以ZnO为基准物时所用试剂：ZnO (AR)；乙二胺四乙酸二钠 (AR)；六次甲基四胺：20% (m/v)；二甲酚橙指示剂 (0.2%)；盐酸 (1+1)。

(2) 以$ZnSO_4$为基准物时所用试剂：$ZnSO_4$ (AR)；乙二胺四乙酸二钠 (AR)；六次甲基四胺：20% (m/v)；二甲酚橙指示剂 (0.2%)；盐酸 (1+1)。

(3) 以$CaCO_3$为基准物时所用试剂：碳酸钙 (s)，一级试剂 (GR)；盐酸 (1+1)；氢氧化钠溶液 ($40g\cdot L^{-1}$)；乙二胺四乙酸二钠 (AR)。

四、实验步骤

1. $0.010mol\cdot L^{-1}$ EDTA标准溶液的配制

称取4.0g乙二胺四乙酸二钠 ($Na_2H_2Y\cdot 2H_2O$) 置于500mL烧杯中，加入约200mL水微热，使其溶解完全冷却后转移至聚乙烯瓶中，用水稀释至1000mL，摇匀。

2. 以ZnO或$ZnSO_4$为基准物标定EDTA溶液

(1) Zn^{2+}标准溶液的配制

准确称取ZnO基准物0.18～0.25g于100mL烧杯中，用数滴水润湿后，滴加5mL (1+1) 盐酸，盖上表面皿，待完全溶解后冲洗表面皿和烧杯内壁，定量转移至250mL容量瓶中，加水稀释至刻度，摇匀，计算其准确浓度。

准确称取$ZnSO_4$基准物0.70～0.75g于100mL烧杯中，加水溶解后定量转移至250mL容量瓶中，加水稀释至刻度，摇匀，计算其准确浓度。

(2) EDTA标准溶液的标定　用移液管移取Zn^{2+}标准溶液25.00mL于250mL锥形瓶中，加两滴二甲酚橙指示剂，然后滴加六次甲基四胺溶液直至溶液呈现稳定的紫红色并过量3mL，用EDTA溶液滴至溶液由紫红色恰变为亮黄色即达到终点。平行三次实验，计算EDTA浓度，其相对平均偏差应小于0.2%。

3. 以$CaCO_3$为基准物标定EDTA溶液

(1) 0.01mol·L^{-1}钙标准溶液的配制

准确称取105～110℃干燥过的$CaCO_3$ 0.20～0.25g于150mL烧杯中，加少量水润湿，盖上表面皿，从烧杯嘴滴加2～5mL 1+1盐酸，待$CaCO_3$完全溶解后，淋洗表面皿，再定量转入250mL容量瓶中，稀释定容，摇匀。

(2) EDTA标准溶液的标定

用移液管移取25.00mL钙标准溶液于250mL锥形瓶中，加入5mL 40g·L^{-1} NaOH溶液及少量钙指示剂，摇匀后用EDTA标准溶液滴至溶液由紫红色恰变为纯蓝色，即为终点。平行三次实验，计算EDTA浓度，其相对平均偏差应小于0.2%。

五、数据记录与处理

表1 ZnO为基准物EDTA浓度的标定

次数	1	2	3
m_{ZnO}/g			
V_{EDTA}/mL			
c_{EDTA}/mol·L^{-1}			
$\bar{c}_{EDTA}$/mol·L^{-1}			
$\bar{d}_r$			

注：

表2 $CaCO_3$为基准物EDTA浓度的标定

次数	1	2	3
m_{CaCO_3}/g			
V_{EDTA}/mL			
c_{EDTA}/mol·L^{-1}			
$\bar{c}_{EDTA}$/mol·L^{-1}			
$\bar{d}_r$			

注：

六、思考题

1. 络合滴定中为什么加入缓冲溶液?

2. 用ZnO标定EDTA溶液时，为什么要加20%六次甲基四胺溶液?

3. 用$CaCO_3$为基准物，以钙指示剂标定EDTA溶液浓度时，应控制溶液的酸度为多大?为什么?如何控制?

4. 络合滴定法与酸碱滴定法相比，有哪些不同点?操作中应注意哪些问题?

实验十　水的总硬度测定

一、实验目的

1. 学习 EDTA 标准溶液的配制方法及滴定终点的判断。
2. 掌握 EDTA 法测定水硬度的原理、方法和计算。
3. 了解测定水的硬度的意义和我国常用的硬度表示方法。

二、实验原理

水的硬度是指水中 Ca^{2+}、Mg^{2+} 浓度的总量，是水质的重要指标之一。如果水中 Fe^{2+}、Fe^{3+}、Sr^{2+}、Mn^{2+}、Al^{3+} 等离子含量较高时，也应计入硬度含量中；但它们在天然水中一般含量较低，而且用络合滴定法测定硬度时，可不考虑它们对硬度的贡献。有时把含有硬度的水称为硬水（硬度＞8°DH），含有少量或完全不含硬度的水称为软水（硬度＜8°DH）。

长期饮用硬度过低的水，会使骨骼发育受影响；饮用硬度过高的水，有时会引起胃肠不适。通常高硬度的水，不宜用于洗涤，因为肥皂中的可溶性脂肪酸遇 Ca^{2+}、Mg^{2+} 等离子，即生成不溶性沉淀，不仅造成浪费，而且污染衣物。含有硬度的水会使烧水水壶结垢，带来不便。尤其在化工生产中，在蒸汽动力工业、运输业、纺织洗染等部门，对硬度都有一定的要求，高压锅炉用水对硬度要求更为严格。因为蒸汽锅炉若长期使用硬水，锅炉内壁会结有坚实的锅垢，从而导致锅垢传热不良，不仅造成燃料浪费，而且易引起锅炉爆炸。因此，为了保证锅炉安全运行和工业产品质量，对锅炉用水和一些工业用水，必须经软化处理之后，才能应用。

硬度的单位有不同表示方法，分述如下：①$mmol \cdot L^{-1}$，是现在硬度的通用单位；②$mg \cdot L^{-1}$（以 $CaCO_3$ 计），因为 1mol $CaCO_3$ 的量为 100.1g，所以 $1mmol \cdot L^{-1} = 100.1mg \cdot L^{-1} CaCO_3$；③德国硬度（简称度，单位°DH），国内外应用较多的硬度单位。

德国硬度相对于水中 10mg（CaO）所引起的硬度，即 1 度；1 度＝$10mg \cdot L^{-1}$（以 CaO 计）；$1mmol \cdot L^{-1}$（CaO）＝56.1÷10＝5.61°DH

测定水的总硬度一般采用配位滴定法，即在 pH＝10 的氨性缓冲溶液中，以铬黑 T 作为指示剂[①]，用 EDTA 标准溶液直接滴定水中的 Ca^{2+}、Mg^{2+}，直至溶液由紫红色经紫蓝色转变为蓝色，即为终点。滴定时，Fe^{3+}、Al^{3+} 等干扰离子用三乙醇胺掩蔽，Cu^{2+}、

Pb^{2+}、Zn^{2+} 等重金属离子可用 KCN、Na_2S 或巯基乙酸掩蔽[②]。反应如下：

滴定前：$HIn^{2-} + M(Ca^{2+}, Mg^{2+}) = MIn^{-} + H^{+}$

（蓝色）　　　　pH=10（紫红色）

滴定开始至化学计量点前：$HY^{3-} + Ca^{2+} = CaY^{2-} + H^{+}$

$HY^{3-} + Mg^{2+} = MgY^{2-} + H^{+}$

计量点时：$HY^{3-} + MgIn^{-} = MgY^{2-} + HIn^{2-}$

（紫红色）　　　（蓝色）

以不同单位表示硬度：

$$\frac{(cV)_{EDTA} M_{CaO}}{V_{水样}} \times 1000 \quad (mg \cdot L^{-1})$$

$$\frac{(cV)_{EDTA} M_{CaO}}{V_{水样}} \times 100 \quad (^{\circ}DH)$$

$$\frac{(cV)_{EDTA} M_{CaCO_3}}{V_{水样}} \times 1000 \quad (mg \cdot L^{-1})$$

三、仪器与试剂

1. 仪器

酸式滴定管，移液管，容量瓶，锥形瓶，烧杯，量筒，洗瓶，玻璃棒，滴管，洗耳球等。

2. 试剂

0.01mol·L^{-1}EDTA 溶液，三乙醇胺（1∶5），Na_2S 溶液 20g·L^{-1}，HCl 溶液 1∶1，铬黑 T 指示剂 5g·L^{-1}。

NH_3-NH_4Cl 缓冲溶液（pH=10）溶解 20g NH_4Cl 于少量水中，加入 100mL 浓氨水，用水稀释至 1 升。

四、实验步骤

1. EDTA 溶液的标定

参照实验九以 $CaCO_3$ 为基准物标定 EDTA 溶液。

2. 水样的测定

取水样 100mL 于 250mL 锥形瓶中，加 1∶1 的 HCl 1～2 滴酸化水样[③]。煮沸数分钟，除去 CO_2，冷却后，加入 5mL 三乙醇胺溶液，5mL NH_3-NH_4Cl 缓冲溶液，2～3 滴铬黑 T 指示剂，用 EDTA 标准溶液滴定至溶液由紫红色变为纯蓝色即为终点[④]。平行测定三次，以含 $CaCO_3$ 的浓度（mg·L^{-1}）表示硬度。

五、数据记录与处理

表 1　EDTA 溶液浓度的标定

次数	1	2	3
m_{CaCO_3}/g			
V_{EDTA}/mL			
c_{EDTA}/mol·L^{-1}			
$\bar{c}_{EDTA}$/mol·L^{-1}			
$\bar{d}_r$			

注：

表 2　水样的测定

次数	1	2	3
$V_{水}$/mL	100.00	100.00	100.00
V_{EDTA}/mL			
c_{CaCO_3}/mg·L^{-1}			
$\bar{c}_{CaCO_3}$/mg·L^{-1}			
$\bar{d}_r$			

注：

六、注释

① 铬黑 T 与 Mg^{2+} 显色的灵敏度高，与 Ca^{2+} 显色的灵敏度低，当水样中钙含量很高而镁含量很低时，往往得不到敏锐的终点。可在水样中加入少许 Mg-EDTA，利用置换滴定法的原理来提高终点变色的敏锐性，实验改用 K-B 指示剂。

② 若水样不清，则必须过滤，过滤所用的器皿和滤纸必须是干燥的，最初的滤液须弃去。若水中含有铜、锌、锰、铁、铝等离子，则会影响测定结果，可加入 1% Na_2S 溶液 1mL 使铜、锌等离子形成硫化物沉淀，过滤。锰的干扰可加入盐酸羟胺消除。

③ 使用三乙醇胺掩蔽 Fe^{3+}、Al^{3+}，须在 pH<4 下加入，摇动后再调节 pH 至滴定酸度。若水样中含铁量超过 10mg·L^{-1}时，掩蔽有困难，需要用纯水稀释到 Fe^{3+} 不超过 7mg·L^{-1}。

④ 在氨性缓冲溶液中，$Ca(HCO_3)_2$ 含量较高时，可能慢慢析出 $CaCO_3$ 沉淀，使滴定终点拖长，变色不敏锐，所以滴定前最好将溶液酸化，煮沸除去 CO_2，注意 HCl 不可

多加，否则影响滴定时溶液的 pH 值。

七、思考题

1. 什么叫水的总硬度？水的硬度单位有几种表示方法？

2. 为什么滴定 Ca^{2+}、Mg^{2+} 总量时要控制 pH≈10，而滴定 Ca^{2+} 分量时要控制 pH 为 12～13？若 pH＞13，测 Ca^{2+} 对结果有何影响？

3. 用 EDTA 法测定水的硬度时，哪些离子的存在对测定有干扰？应如何消除？

实验十一　铅、铋混合液中铅、铋含量的连续测定

一、实验目的

1. 了解通过调节酸度提高 EDTA 选择性的原理。
2. 掌握用 EDTA 连续滴定铅、铋的方法。
3. 熟练二甲酚橙指示剂的性质、应用和终点颜色的判断。

二、实验原理

Bi^{3+}、Pb^{2+} 均能与 EDTA 形成稳定的络合物，其 $\lg K$ 值分别为 27.94 和 18.04，两者稳定性相差很大，$\Delta\lg K=9.90>6$，符合混合离子分步滴定的条件（当 $c_M=c_N$，$\Delta pM=\pm0.2$，欲 $|E_t|\leqslant0.1\%$，则需要 $\Delta\lg K\geqslant6$）。因此，可以用控制酸度的方法在一份试液中连续滴定 Bi^{3+} 和 Pb^{2+}。在测定中，均以二甲酚橙（XO）作为指示剂，XO 在 pH<6 时呈黄色，在 pH>6.3 时呈红色；而它与 Bi^{3+}、Pb^{2+} 所形成的络合物呈紫红色，它们的稳定性与 Bi^{3+}、Pb^{2+} 和 EDTA 所形成的络合物相比要低，且 $K_{Bi\text{-}XO}>K_{Pb\text{-}XO}$。

测定时，先用 HNO_3 调节溶液 pH=1.0，用 EDTA 标准溶液滴定溶液由紫红色突变为亮黄色，即为滴定 Bi^{3+} 的终点。然后加入六次甲基四胺，使溶液 pH 为 5～6，此时 Pb^{2+} 与 XO 形成紫红色络合物，继续用 EDTA 标准溶液滴定至溶液由紫红色突变为亮黄色，即为滴定 Pb^{2+} 的终点。

三、仪器与试剂

1. 仪器

电子天平，酸式滴定管，移液管，试剂瓶，锥形瓶，烧杯，量筒，洗瓶，玻璃棒，滴管，洗耳球等。

2. 试剂

ZnO(AR)，乙二胺四乙酸二钠（AR），20%（m/V）六次甲基四胺（$200g\cdot L^{-1}$），二甲酚橙指示剂（0.2%），盐酸（1+1），$0.1mol\cdot L^{-1}$ HNO_3 溶液，Bi^{3+}-Pb^{2+} 混合溶液[①]。

四、实验步骤

1. EDTA溶液的标定

参照实验9以ZnO或$ZnSO_4$为基准物标定EDTA溶液。

2. Bi^{3+}、Pb^{2+}混合液的测定

用移液管移取25.00mL Bi^{3+}、Pb^{2+}混合试液于250mL锥形瓶中，加入10mL 0.10mol·L^{-1} HNO_3，2滴二甲酚橙，用EDTA标准溶液滴定溶液由紫红色突变为亮黄色，即为终点，记为V_1(mL)，然后滴加20%六次甲基四胺溶液变为紫红色并过量5mL，继续用EDTA标准溶液滴定溶液由紫红色突变为亮黄色，即为终点，记为V_2(mL)。平行测定三份，计算混合试液中Bi^{3+}和Pb^{2+}的含量（g·L^{-1}）。

五、数据记录与处理

表1 ZnO为基准物时EDTA浓度的标定

次数	1	2	3
m_{ZnO}/g			
V_{EDTA}/mL			
c_{EDTA}/mol·L^{-1}			
$\bar{c}_{EDTA}$/mol·L^{-1}			
$\bar{d}_r$			

注：

表2 Bi^{3+}、Pb^{2+}混合试液的测定

次数	1	2	3
$V_{混}$/mL			
$V_{1,EDTA}$/mL			
$c_{Bi^{3+}}$/g·L^{-1}			
$\bar{c}_{Bi^{3+}}$/g·L^{-1}			
$V_{2,EDTA}$/mL			
$c_{Pb^{2+}}$/g·L^{-1}			
$\bar{c}_{Pb^{2+}}$/g·L^{-1}			

注：

六、注释

① 称取4.85g $Bi(NO_3)_3·5H_2O$，3.3g $Pb(NO_3)_2$，加入10mL浓HNO_3，微热溶解

后稀释至 1L。Bi^{3+} 易水解，开始配制混合液时，所含 HNO_3 浓度较高，临使用前加水稀释至 0.15mol·L^{-1} 左右。

七、思考题

1. 能否取等量混合试液，一份控制 pH≈1.0 滴定 Bi^{3+}，另一份控制 pH 为 5～6 滴定 Bi^{3+}、Pb^{2+} 总量？为什么？

2. 滴定 Pb^{2+} 时要调节溶液 pH 为 5～6，为什么加入六次甲基四胺而不用 NaOH、NaAc 或 $NH_3 \cdot H_2O$？

3. 本实验中，能否先在 pH＝5～6 的溶液中，测定 Bi^{3+} 和 Pb^{2+} 的含量，然后再调整 pH≈1 时测定 Bi^{3+} 含量？

实验十二 白云石中钙镁含量的测定

一、实验目的

1. 学习络合滴定法测定白云石中钙镁的含量。
2. 学习络合滴定法中采用掩蔽剂消除共存离子的干扰。
3. 进一步掌握络合滴定原理。

二、实验原理

白云石的主要成分是 $CaCO_3$ 和 $MgCO_3$ 以及少量 Fe、Al、Si 等杂质，故通常不需分离即可直接滴定。试样用 HCl 分解后，钙、镁等以 Ca^{2+}、Mg^{2+} 形式进入溶液，调节试液 pH 为 10，用铬黑 T（或 K-B）作为指示剂，以 EDTA 标准溶液滴定试液中 Ca^{2+}、Mg^{2+} 含量。于另一份试液中，用 NaOH 调节 pH≥12，Mg^{2+} 生成 $Mg(OH)_2$ 沉淀，用钙指示剂作为指示剂，用 EDTA 标准溶液单独滴定 Ca^{2+}。

由于试样中含有少量铁、铝等干扰杂质，滴定前在酸性条件下，加入三乙醇胺掩蔽 Fe^{3+}、Al^{3+}，如试样中含有铜、钛、镉、铋等金属，可加入铜试剂（DDTC）消除干扰①。

如试样成分复杂，样品溶解后，可在试液中加入六次甲基四胺和铜试剂，使 Fe、Al 和重金属离子同时沉淀除去，过滤后即可按上述方法分别测定钙、镁。

三、仪器与试剂

1. 仪器

电子天平，酸式滴定管，移液管，试剂瓶，锥形瓶，烧杯，量筒，洗瓶，玻璃棒，滴管，洗耳球等。

2. 试剂

$CaCO_3$(s，GR)，盐酸（1+1)，氢氧化钠溶液 $200g\cdot L^{-1}$，三乙醇胺（1∶2)，盐酸羟胺(固体)，氨性缓冲溶液（pH≈10)，$0.02mol\cdot L^{-1}$ EDTA 标准溶液。

钙指示剂：称 0.5g 钙指示剂与 100g NaCl 研细混匀，置于小广口瓶中，保存于干燥器中备用。

$5g\cdot L^{-1}$ 铬黑 T 指示剂：称 0.5g 铬黑 T，加入 20mL 三乙醇胺，用水稀释至 100mL。

四、实验步骤

试样的溶解：准确称取约 0.3g 试样于烧杯中，加数滴水润湿，盖上表面皿，从烧杯嘴慢慢加入 1∶1 HCl 10～20mL，加热使之溶解，将试样全溶后，冷却、定量转移入 250mL 容量瓶中，用水稀释至刻度，摇匀。

钙、镁总量测定：用移液管吸取 25.00mL 试样溶液于 250mL 锥形瓶中，加水 20mL，少许盐酸羟胺，1∶2 三乙醇胺 5mL，摇匀，加入 pH≈10 氨性缓冲溶液 10mL，2～3 滴铬黑 T 指示剂，用 EDTA 标准溶液滴定至溶液由紫红色转变为纯蓝色即为终点，记下消耗 EDTA 体积 V_1。

钙含量的测定：另外吸取试液 25.00mL 于 250mL 锥形瓶中，加水 20mL，少许盐酸羟胺，1∶2 三乙醇胺 5mL，20% NaOH 10mL，少许钙指示剂，摇匀，用 EDTA 标准溶液滴定，溶液由红色变为纯蓝色即为终点，记下消耗 EDTA 体积 $V_2$②。

根据 EDTA 的浓度及二次消耗量，可算出试样中 CaO、MgO 百分含量。

五、数据记录与处理

表 1　钙、镁的测定含量

次数	1	2	3
$V_{试液}$/mL	25.00	25.00	25.00
$V_{1,EDTA}$/mL			
$\overline{V}_{1,EDTA}$/mL			
$V_{2,EDTA}$/mL			
$\overline{V}_{2,EDTA}$/mL			
w_{Mg}/%			
w_{Ca}/%			

注：

六、注释

① 用三乙醇胺掩蔽 Fe^{3+}、Al^{3+} 时，必须在酸性液中加入，然后再碱化。

② 测定钙时，如试样中有大量镁存在，由于 $Mg(OH)_2$ 沉淀吸附 Ca^{2+}，钙的结果偏低，为此可加入淀粉-甘油、阿拉伯树胶或糊精等保护胶，基本上可消除吸附现象，其中以糊精效果较好。5%糊精溶液的配制如下：称取 5g 糊精于 100mL 沸水中，冷却，加入 20% NaOH 5mL，搅匀，加入 3～5 滴 K-B 指示剂，用 EDTA 溶液滴至溶液呈蓝色，临时配用，使用时加 10～15mL 于试液中。

七、思考题

1. 用酸分解白云石试样时应注意什么？实验中怎样判断试样已分解完全？

2. 用 EDTA 法测定钙、镁，加入氨性缓冲溶液和氢氧化钠各起什么作用？

3. 用 EDTA 法测定钙、镁时，试样中有少量铁、铝、铜、锌等对测定是否有干扰？若有干扰应如何消除。

4. 用三乙醇胺掩蔽 Fe^{3+}、Al^{3+} 时，为什么要在酸性液中加入三乙醇胺后才提高溶液的 pH 值？

实验十三　高锰酸钾标准溶液的配制和标定

一、实验目的

1. 了解高锰酸钾标准溶液的配制方法和保存条件。
2. 掌握采用 $Na_2C_2O_4$ 作为基准物标定高锰酸钾标准溶液的方法。

二、实验原理

市售的 $KMnO_4$ 试剂常含有少量 MnO_2 和其他杂质，如硫酸盐、氯化物及硝酸盐等；另外，蒸馏水中常含有少量的有机物质，能使 $KMnO_4$ 还原，且还原产物能促进 $KMnO_4$ 自身分解，分解方程式如下：

$$4MnO_4^- + 2H_2O = 4MnO_2 + 3O_2\uparrow + 4OH^-$$

此分解反应在光照下速度更快。因此，$KMnO_4$ 的浓度容易改变，不能用直接法配制准确浓度的高锰酸钾标准溶液，必须正确地配制和保存，如果长期使用，必须定期进行标定。

标定 $KMnO_4$ 的基准物质较多，有 As_2O_3、$H_2C_2O_4 \cdot 2H_2O$、$Na_2C_2O_4$ 和纯铁丝等。$Na_2C_2O_4$ 因不含结晶水，不宜吸湿，宜纯制，性质稳定而最常用。用 $Na_2C_2O_4$ 标定 $KMnO_4$ 的反应为：

$$2MnO_4^- + 5C_2O_4^{2-} + 16H^+ = 2Mn^{2+} + 10CO_2\uparrow + 8H_2O$$

滴定时利用 MnO_4^- 本身的紫红色指示终点，称为自身指示剂。

三、仪器与试剂

1. 仪器

电子天平，台秤，酸式滴定管，移液管，试剂瓶，锥形瓶，烧杯，量筒，洗瓶，玻璃棒，滴管，洗耳球等。

2. 试剂

$KMnO_4$(s，AR)，$Na_2C_2O_4$(s，AR)，3mol·L^{-1} H_2SO_4。

四、实验步骤

1. 0.02mol·L^{-1} $KMnO_4$ 溶液的配制

在台秤上称量1.6g固体$KMnO_4$，置于大烧杯中，加水至300mL，盖上表面皿，微沸约1h，静置冷却后于室温下放置2～3d，用微孔玻璃漏斗或玻璃棉漏斗过滤，滤液装入棕色试剂瓶中，贴上标签，保存备用，一周后标定①。

2. 高锰酸钾标准溶液的标定

准确称取0.15～0.20g基准物质$Na_2C_2O_4$，置于250mL的锥形瓶中，加约60mL水使之溶解，加$3mol \cdot L^{-1}$ H_2SO_4 10mL，盖上表面皿，加热至70～80℃（刚开始冒蒸气的温度），趁热用高锰酸钾溶液滴定②。开始滴定时反应慢，待溶液中产生了Mn^{2+}后，可适当加快滴定速率，直到溶液呈现微红色并持续半分钟不褪色即为终点③～⑥。根据$Na_2C_2O_4$的质量和消耗$KMnO_4$溶液的体积计算$KMnO_4$浓度。平行测定三次，相对平均偏差应在0.2%以内。

五、数据记录与处理

表1 高锰酸钾浓度的标定

次数	1	2	3
$m_{Na_2C_2O_4}$/g			
V_{KMnO_4}/mL			
c_{KMnO_4}/$mol \cdot L^{-1}$			
$\bar{c}_{KMnO_4}$/$mol \cdot L^{-1}$			
$\bar{d}_r$			

注：

六、注释

① 蒸馏水中常含有少量的还原性物质，使$KMnO_4$还原为$MnO_2 \cdot nH_2O$。市售高锰酸钾内含的细粉状的$MnO_2 \cdot nH_2O$能加速$KMnO_4$的分解，故通常将$KMnO_4$溶液煮沸一段时间，冷却后，还需放置2～3d，使之充分作用，然后将沉淀物过滤除去。

② 在室温条件下，$KMnO_4$与$C_2O_4^-$之间的反应缓慢，故加热提高反应速率。但温度又不能太高，如温度超过85℃则有部分$H_2C_2O_4$分解，反应式如下：

$$H_2C_2O_4 = CO_2\uparrow + CO\uparrow + H_2O$$

③ 草酸钠溶液的酸度在开始滴定时，约为$1mol \cdot L^{-1}$，滴定终点时，约为$0.5mol \cdot L^{-1}$，这样能促使反应正常进行，并且防止MnO_2形成。滴定过程如果发生棕色浑浊（MnO_2），应立即加入H_2SO_4补救，使棕色浑浊消失。

④ 开始滴定时，反应很慢，在第一滴$KMnO_4$还没有完全褪色以前，不可加入第二滴。当反应生成能使反应加速进行的Mn^{2+}后，可以适当加快滴定速率，但滴定过快则局部$KMnO_4$过浓而分解，放出O_2或引起杂质的氧化，都可造成误差。

如果滴定过快，部分 $KMnO_4$ 将来不及与 $Na_2C_2O_4$ 反应，而会按下式分解：

$$4MnO_4^- + 4H^+ \longrightarrow 4MnO_2 + 3O_2\uparrow + 2H_2O$$

⑤ $KMnO_4$ 标准溶液滴定时的终点较不稳定，当溶液出现微红色，在 30s 内不褪时，就可认为已经到达滴定终点，如对终点有疑问时，可先将滴定管读数记下，再加入 1 滴 $KMnO_4$ 标准溶液，发生紫红色即证实达到终点，滴定时不要超过计量点。

⑥ $KMnO_4$ 标准溶液应放在酸式滴定管中，由于 $KMnO_4$ 溶液颜色很深，液面凹下弧线不易看出，因此，应该从液面最高边上读数。

七、思考题

1. 配制 $KMnO_4$ 标准溶液时，为什么要将 $KMnO_4$ 溶液煮沸一定时间并放置数天？配好的 $KMnO_4$ 溶液为什么要过滤后才能保存？过滤时是否可以用滤纸？

2. 配制好的 $KMnO_4$ 溶液为什么要盛放在棕色试剂瓶中保存？如果没有棕色试剂瓶怎么办？

3. 在滴定时，$KMnO_4$ 溶液应放在酸式滴定管还是碱式滴定管中？为什么？

4. 配制 $KMnO_4$ 溶液应注意什么？用 $Na_2C_2O_4$ 标定 $KMnO_4$ 溶液时，为什么开始滴入的 $KMnO_4$ 紫色消失缓慢，后来却会消失得越来越快，直至滴定终点出现稳定的紫红色？

5. 用 $Na_2C_2O_4$ 标定 $KMnO_4$ 时，为什么必须在 H_2SO_4 介质中进行？酸度过高或过低有何影响？可以用 HNO_3 或 HCl 调节酸度吗？为什么要加热到 70～80℃？溶液温度过高或过低有何影响？

实验十四 高锰酸钾法测定过氧化氢的含量

一、实验目的

1. 掌握高锰酸钾法测定过氧化氢的原理及方法。
2. 了解 $KMnO_4$ 作为指示剂的特点。
3. 进一步熟悉氧化还原滴定分析的正确操作。

二、实验原理

过氧化氢具有还原性，在酸性介质中和室温条件下能被高锰酸钾定量氧化，其反应方程式为：

$$2MnO_4^- + 5H_2O_2 + 6H^+ = 2Mn^{2+} + 5O_2\uparrow + 8H_2O$$

H_2O_2 加热时易分解，故在室温下滴定。开始反应缓慢，随着 Mn^{2+} 的生成而加速，因此，滴定时通常加入一定量的 Mn^{2+} 作为催化剂。

三、仪器与试剂

1. 仪器

电子天平，台秤，酸式滴定管，移液管，试剂瓶，锥形瓶，烧杯，量筒，洗瓶，玻璃棒，滴管，洗耳球等。

2. 试剂

0.02000$mol \cdot L^{-1}$ $KMnO_4$ 标准溶液，3$mol \cdot L^{-1}$ H_2SO_4 溶液，1$mol \cdot L^{-1}$ $MnSO_4$ 溶液，H_2O_2 试样（市售质量分数约为30%的 H_2O_2 水溶液①）。

四、实验步骤

用吸量管移取 H_2O_2 试样溶液 1.00mL，置于 250mL 容量瓶中，加水稀释至刻度，充分摇匀备用。用移液管移取稀释过的 H_2O_2 溶液 25.00mL 于 250mL 锥形瓶中，加入 3$mol \cdot L^{-1}$ H_2SO_4 5mL，用 $KMnO_4$ 标准溶液滴定到溶液呈微红色，半分钟不褪即为终点。平行测定三份，计算试样中 H_2O_2 的质量浓度（$g \cdot L^{-1}$）和相对平均偏差。

五、数据记录与处理

表1 H_2O_2 含量测定

次数	1	2	3
$V_{原,H_2O_2}$/mL	1.00	1.00	1.00
$V_{稀释,H_2O_2}$/mL	25.00	25.00	25.00
V_{KMnO_4}/mL			
$c_{H_2O_2}$/g·L^{-1}			
$\bar{c}_{H_2O_2}$/g·L^{-1}			
$\bar{d}_r$			

注：

六、注释

① H_2O_2 试样若是工业产品，用高锰酸钾法测定不合适，因为产品中常加有少量乙酰苯胺等有机化合物作为稳定剂，滴定时也将被 $KMnO_4$ 氧化，引起误差。此时应用碘量法或硫酸铈法进行测定。

七、思考题

1. 用高锰酸钾法测定 H_2O_2 时，能否用 HNO_3 或 HCl 来控制酸度？
2. 用高锰酸钾法测定 H_2O_2 时，为何不能通过加热来加速反应？

实验十五 铁矿石中全铁的测定（无汞定铁法）

一、实验目的

1. 掌握铁矿石中全铁的测定原理。
2. 学习矿石试样的酸溶法和氧化还原滴定前的预处理。
3. 学习矿石试样的酸溶法。
4. 了解二苯胺磺酸钠指示剂的作用原理。
5. 了解无汞法测定铁的绿色环保意义。

二、实验原理

铁矿石经 HCl 溶液分解后，在热浓的 HCl 溶液[①]中，以甲基橙为指示剂，用 $SnCl_2$ 将 Fe^{3+} 还原至 Fe^{2+}，并过量 1～2 滴[②]。经典方法是用 $HgCl_2$ 氧化过量的 $SnCl_2$，除去 Sn^{2+} 的干扰，但 $HgCl_2$ 造成环境污染，本实验采用无汞定铁法。还原反应为：

$$2Fe^{3+}+SnCl_4^{2-}+2Cl^{-} = 2Fe^{2+}+SnCl_6^{2-}$$

$$(2Fe^{3+}+Sn^{2+} = 2Fe^{2+}+Sn^{4+})$$

过量的 $SnCl_4^{2-}$ 消耗 $K_2Cr_2O_7$，所以必须除去。使用甲基橙指示 $SnCl_2$ 还原 Fe^{3+} 的原理是：Sn^{2+} 将 Fe^{3+} 还原后，过量的 Sn^{2+} 可将甲基橙还原为氢化甲基橙而褪色，指示了还原的终点，剩余的 Sn^{2+} 还能继续使氢化甲基橙还原成 N,N-二甲基对苯二胺和对氨基苯磺酸钠，反应为

$$(CH_3)_2NC_6H_4N=NC_6H_4SO_3Na \xrightarrow{2H^+} (CH_3)_2NC_6H_4NH\text{-}NHC_6H_4SO_3Na \xrightarrow{2H^+} (CH_3)_2NC_6H_4H_2N+NH_2C_6H_4SO_3Na$$

以上反应是不可逆的，不但除去了过量的 Sn^{2+}，而且甲基橙的还原产物不消耗 $K_2Cr_2O_7$。

重铬酸钾法测定全铁含量的滴定反应为

$$6Fe^{2+}+Cr_2O_7^{2-}+14H^{+} = 6Fe^{3+}+2Cr^{3+}+7H_2O$$

滴定的突跃范围为 0.93～1.34V，使用二苯胺磺酸钠指示剂，它的条件电位为 0.85V，因而需加入 H_3PO_4 使滴定产物 Fe^{3+} 生成 $[FeHPO_4]_2^-$，因而降低了 Fe^{3+}/Fe^{2+} 电对的电位，使反应的突跃范围变成 0.71～1.34V，指示剂可以在此范围内变色，同时降低 Fe^{3+} 的浓度，消除了 Fe^{3+} 的黄色对终点观察的干扰。

三、仪器与试剂

1. 仪器

电子天平，台秤，酸式滴定管，移液管，试剂瓶，锥形瓶，烧杯，量筒，洗瓶，玻璃棒，滴管，洗耳球等。

2. 试剂

二苯胺磺酸钠指示剂 $5g \cdot L^{-1}$，甲基橙 $15g \cdot L^{-1}$，$K_2Cr_2O_7$（s，AR），浓 HCl。

$50g \cdot L^{-1}$ $SnCl_2$ 溶液：5g $SnCl_2 \cdot 2H_2O$ 固体溶于 50mL 浓盐酸中，用水稀释至 100mL，加几粒纯锡。

硫磷混酸：将 15mL 浓硫酸缓缓加入 70mL 水中，冷却后再加入 15mL 浓磷酸。

四、实验步骤

1. $0.02mol \cdot L^{-1}$ $K_2Cr_2O_7$ 标准溶液的配制

准确称取已在 150～180℃烘干 2h，放在干燥器中冷却至室温的 $K_2Cr_2O_7$ 1.4～1.5g 用于 100mL 烧杯中，加蒸馏水溶解后，转移到 250mL 容量瓶中，用水稀释到刻度，混匀。

2. 铁矿石中铁的含量测定

准确称取 1.0～1.2g 试样置于 250mL 烧杯中，用少量水润湿后加入浓盐酸溶液 20mL，盖上表面皿，低温加热至残渣变为白色（SiO_2），表明试样完全溶解，此时溶液呈橙黄色。用少量水洗表面皿及烧杯壁，冷却后转移至 250mL 容量瓶中，稀释至刻度摇匀。

移取试样溶液 25.00mL 于锥形瓶中，加入 8mL 浓 HCl 溶液，加热近沸，加入 6 滴甲基橙，趁热边摇动锥形瓶边逐滴加入 $SnCl_2$ 还原 Fe^{3+}，溶液由橙变红，缓慢滴加 $SnCl_2$ 摇至溶液变为淡粉红色，停止滴加 $SnCl_2$，摇几下粉色褪去。立即用流水冷却，加 30mL 蒸馏水，加 20mL 硫磷混酸，4 滴二苯胺磺酸钠③，立即开始用 $K_2Cr_2O_7$ 滴定到稳定的紫色为终点④。平行测定 3 次，计算矿石中铁的含量（质量分数）。

五、数据记录与处理

表 1　铁矿中全铁的测定

次数	1	2	3
$m_{铁矿石}$/g			
$V_{K_2Cr_2O_7}$/mL			
w_{Fe}/%			
$\overline{w}_{Fe}$/%			
$\overline{d}_r$			

注：

六、注释

① HCl 溶液的浓度应控制在 4mol·L^{-1}，若大于 6mol·L^{-1}，Sn^{2+}会先将甲基橙还原为无色，无法指示 Fe^{3+}的还原反应。HCl 溶液浓度低于 2mol·L^{-1}，则甲基橙褪色缓慢。

② 溶液温度应控制在 60～90℃，温度低，$SnCl_2$ 先还原甲基橙，终点无法指示，且还原 Fe^{3+}慢，还原不彻底。

③ 二苯胺磺酸钠也会消耗一定量的 $K_2Cr_2O_7$，故不能多加。

④ 在硫磷混酸中铁电对的电极电位降低，Fe(Ⅱ) 更易被氧化，故不应该放置而应立即进行滴定。

七、思考题

1. 在预处理时为什么 $SnCl_2$ 溶液要趁热逐滴加入？

2. 在滴定前加入 H_3PO_4 的作用是什么？加入 H_3PO_4 后为什么立即滴定？

实验十六　$Na_2S_2O_3$ 和 I_2 标准溶液的配制和标定

一、实验目的

1. 掌握 I_2 和 $Na_2S_2O_3$ 溶液的配制方法和保存条件。
2. 了解标定 I_2 和 $Na_2S_2O_3$ 溶液浓度的原理和方法。
3. 掌握间接碘量法进行的条件。

二、实验原理

1. $Na_2S_2O_3$ 标准溶液的配制与标定

$Na_2S_2O_3 \cdot 5H_2O$ 一般都含有少量杂质，如 S、Na_2SO_3、Na_2SO_4、Na_2CO_3 及 NaCl 等，同时还容易风化和潮解，水中的 CO_2、细菌和光照都能使其分解，水中的 O_2 也能将其氧化。因此不能直接配制成准确浓度的溶液，只能配制成近似浓度的溶液，然后再标定。为了减少溶解在水中的 CO_2 和杀死水中的微生物，应用新煮沸后冷却的蒸馏水配制溶液并加入少量的 Na_2CO_3，使其浓度约为 0.02%，以防止 $Na_2S_2O_3$ 分解。$Na_2S_2O_3$ 溶液应贮于棕色瓶中，放置暗处，经 7～14d 后再标定[①]。

标定 $Na_2S_2O_3$ 溶液，经常选用 KIO_3、$KBrO_3$ 或 $K_2Cr_2O_7$ 等氧化剂作为基准物，定量地将 I^- 氧化为 I_2，再按碘量法用 $Na_2S_2O_3$ 溶液滴定：

$$IO_3^- + 5I^- + 6H^+ = 3I_2 + 3H_2O$$

$$BrO_3^- + 6I^- + 6H^+ = 3I_2 + 3H_2O + Br^-$$

$$Cr_2O_7 + 6I^- + 14H^+ = 2Cr^{3+} + 3I_2 + 7H_2O$$

$$I_2 + 2Na_2S_2O_3 = Na_2S_4O_6 + 2NaI$$

使用 KIO_3 和 $KBrO_3$ 作为基准物时不会污染环境。

2. I_2 标准溶液的配制与标定

碘可以通过升华法制得纯试剂，但因其升华对天平有腐蚀性，故不宜用直接法配制 I_2 标准溶液而采用间接法。I_2 微溶于水而易溶于 KI 溶液中，但在稀的 KI 溶液中溶解得很慢，故配制 I_2 溶液时应先在较浓的 KI 溶液中进行，待溶解完全后再稀释到所需的浓度。

I_2 溶液可以用基准物质 As_2O_3 来标定，As_2O_3 难溶于水，可溶于碱溶液中，与 NaOH 反应生成亚砷酸钠，用 I_2 溶液进行滴定。由于 As_2O_3 为剧毒物，实际工作中常用已知浓度的 $Na_2S_2O_3$ 标准滴定溶液标定碘溶液，以淀粉为指示剂，终点由无色到蓝色。

$$I_2 + 2S_2O_3^{2-} = 2I^- + S_4O_6^{2-}$$

三、仪器与试剂

1. 仪器

电子天平，台秤，酸式滴定管，移液管，试剂瓶，锥形瓶，烧杯，量筒，洗瓶，玻璃棒，滴管，洗耳球等。

2. 试剂

I_2（s，AR），KI（s，AR），$Na_2S_2O_3$（s，AR），基准试剂 KIO_3，20%KI 溶液，0.5mol·L^{-1} H_2SO_4 溶液。

1.0%淀粉溶液：1g 淀粉加少量水，搅拌，把得到的浆状物倒入 100mL 正在沸腾的蒸馏水中，继续煮沸至透明。

四、实验步骤

1. 0.10mol·L^{-1} $Na_2S_2O_3$ 溶液的配制及标定

称取 13g $Na_2S_2O_3·5H_2O$ 溶于 500mL 新煮沸的冷蒸馏水中，加 0.1g Na_2CO_3，保存在棕色试剂瓶中，放置一周后进行标定。

方法一：准确称取基准试剂 KIO_3 0.8～0.9g 于 250mL 烧杯中，加入少量蒸馏水溶解后，移入 250mL 容量瓶中，用蒸馏水稀释至刻度，摇匀。用移液管吸取上述标准溶液 25.00mL 于 250mL 锥形瓶中，加入 20%KI 溶液 5mL 和 0.5mol·L^{-1} H_2SO_4 溶液 5mL，加水 20～30mL，立即用待标定的 $Na_2S_2O_3$ 溶液滴定至淡黄色，再加入 2mL 1.0%淀粉溶液，继续用 Na_2SO_3 溶液滴定至蓝色恰好消失，即为终点。

方法二：准确称取基准试剂 $K_2Cr_2O_7$ 1.0～1.2g 于 250mL 烧杯中，加入少量蒸馏水溶解后，移入 250mL 容量瓶中，用蒸馏水稀释至刻度，摇匀。用移液管吸取上述标准溶液 25.00mL 于 250mL 锥形瓶中加 5mL（1+1）HCl，5mL 20%KI 溶液，盖上表面皿，在暗处放 5min 后②，加水 20～30mL，盖上表面皿，在暗处放 5min 后，用待标定的 $Na_2S_2O_3$ 溶液滴定至淡黄色，再加入 2mL 1.0%淀粉溶液③，滴至溶液呈亮绿色为终点。平行三次实验，计算 $Na_2S_2O_3$ 浓度，其相对平均偏差应小于 0.2%。

若选用 $KBrO_3$ 作为基准物时，其反应较慢，为加速反应需增加酸度，必须改为取 1mol·L^{-1} H_2SO_4 溶液 5mL 并在暗处放置 5min 使反应进行完全。

2. 0.05mol·L^{-1} 碘溶液的配制及标定

称取 4.0g 碘放于小烧杯中，再称取 8g KI，加水少许，用玻璃棒搅拌至 I_2 全部溶解后，转入 500mL 烧杯，加水稀释至 300mL。摇匀，储存于棕色试剂瓶中。

用移液管移取已知浓度的 $Na_2S_2O_3$ 标准溶液 25mL 于锥形瓶中，加水 20～30mL，加 2mL 淀粉溶液，以待标定的碘溶液滴定至溶液呈稳定的蓝色为终点。记录消耗 I_2 标准滴定溶液的体积 V。平行三次实验，计算 I_2 浓度，其相对平均偏差应小于 0.2%。

五、数据记录与处理

表 1　$Na_2S_2O_3$ 溶液的标定

次数	1	2	3
m_{KIO_3}/g			
$V_{Na_2S_2O_3}$/mL			
$c_{Na_2S_2O_3}$/mol·L^{-1}			
$\bar{c}_{Na_2S_2O_3}$/mol·L^{-1}			
$\bar{d}_r$			

注：

表 2　碘溶液的标定

次数	1	2	3
$V_{Na_2S_2O_3}$/mL			
V_{I_2}/mL			
c_{I_2}/mol·L^{-1}			
$\bar{c}_{I_2}$/mol·L^{-1}			
$\bar{d}_r$			

注：

六、注释

① $Na_2S_2O_3$ 溶液易受空气微生物等的作用而分解。

首先与溶解的 CO_2 反应：$Na_2S_2O_3$ 在中性或碱性溶液中较稳定，当 $pH<4.6$ 时，溶液含有的 CO_2 将其分解：$Na_2S_2O_3+H_2CO_3 = NaHSO_3+NaHCO_3+S\downarrow$

此分解作用一般发生在溶液配制后的最初十天内。

② $K_2Cr_2O_7$ 与 KI 的反应需要一定时间才能进行完全，故需要放置 5min。

③ 间接碘量法中淀粉指示剂应在临近终点时加入，而不能过早加入。否则将有较多的 I_2 与淀粉指示剂结合，而使这部分 I_2 在终点时解离较慢，造成终点滞后。

七、思考题

1. 碘溶液应装在何种滴定管中？为什么？

2. 配制 I_2 溶液时为什么要加 KI？

3. 配制 I_2 溶液时，为什么要在溶液非常浓的情况下将 I_2 与 KI 一起研磨，当 I_2 和 KI 溶解后才能用水稀释？如果过早稀释会发生什么情况？

实验十七 间接碘量法测定铜盐中铜

一、实验目的

1. 掌握间接碘量法测定铜的基本原理。
2. 掌握 $Na_2S_2O_3$ 标准溶液的配制与标定方法。
3. 了解间接碘量法的误差来源。

二、实验原理

在弱酸性溶液中（pH＝3～4），Cu^{2+} 与过量的 KI 作用生成不溶性的 CuI 沉淀并定量析出 I_2，生成的 I_2 以淀粉为指示剂，用 $Na_2S_2O_3$ 标准溶液滴定，滴定至溶液的蓝色刚好消失即为终点。反应式为：

$$2Cu^{2+}+5I^- = 2CuI\downarrow+I_3^-$$

$$I_2+2S_2O_3^{2-} = 2I^-+S_4O_6^{2-}$$

CuI 沉淀表面吸附 I_2，故分析结果偏低，为了减少 CuI 沉淀对 I_2 的吸附，可在大部分 I_2 被 $Na_2S_2O_3$ 溶液滴定后，临近终点时再加入 NH_4SCN 或 KSCN，使 CuI 沉淀转化为更难溶的 CuSCN 沉淀。

$$CuI+SCN^- = CuSCN\downarrow+I^-$$

CuSCN 吸附 I_2 的倾向较小，因而可以提高测定结果的准确度。再根据 $Na_2S_2O_3$ 标准溶液的浓度、消耗的体积及试样的质量，计算试样中铜的含量。

间接碘量法必须在弱酸性至中性溶液中进行。

三、仪器与试剂

1. 仪器

电子天平，台秤，酸式滴定管，移液管，试剂瓶，锥形瓶，烧杯，量筒，洗瓶，玻璃棒，滴管，洗耳球等。

2. 试剂

$1mol\cdot L^{-1}$硫酸溶液，$100g\cdot L^{-1}$ KSCN 溶液，$100g\cdot L^{-1}$ KI 溶液，$10g\cdot L^{-1}$淀粉溶液，$0.017mol\cdot L^{-1}$重铬酸钾标准溶液（配制方法见本章实验十六），$0.1mol\cdot L^{-1}$ $Na_2S_2O_3$ 溶液。

四、实验步骤

1. $Na_2S_2O_3$ 溶液的标定

配制及标定方法见本章实验十六。

2. 铜的测定

准确称取 $CuSO_4 \cdot 5H_2O$ 试样 0.3～0.4g 三份，分别置于 250mL 锥形瓶中，加 5mL $1mol \cdot L^{-1}$ H_2SO_4 溶液和 20～30mL 水使其溶解，加入 $100g \cdot L^{-1}$ KI 溶液 5mL，立即用 $Na_2S_2O_3$ 标准溶液滴定至浅黄色，然后加入 2mL 淀粉作为指示剂，继续滴至浅蓝色。再加 $100g \cdot L^{-1}$ KSCN 5mL①，摇匀后，溶液的蓝色加深，再继续用 $Na_2S_2O_3$ 标准溶液滴定至蓝色刚好消失为终点，此时溶液呈米黄色或浅粉红色。根据 $Na_2S_2O_3$ 标准溶液的浓度和消耗的体积及试样质量，计算试样中铜的含量（%），其相对平均偏差应小于 0.2%。

五、数据记录与处理

表 1　$Na_2S_2O_3$ 溶液的标定

次数	1	2	3
m_{KIO_3}/g			
$V_{Na_2S_2O_3}/mL$			
$c_{Na_2S_2O_3}/mol \cdot L^{-1}$			
$\bar{c}_{Na_2S_2O_3}/mol \cdot L^{-1}$			
$\bar{d}_r$			

注：

表 2　铜盐中铜的测定

次数	1	2	3
$m_{试样}/g$			
$V_{Na_2S_2O_3}/mL$			
$w_{Cu}/\%$			
$\bar{w}_{Cu}/\%$			
$\bar{d}_r$			

注：

六、注释

① KSCN 溶液只能在临近终点时加入，否则大量 I_2 的存在有可能氧化 SCN^-，从而

影响测定的准确度。

七、思考题

1. 本实验加入 KI 的作用是什么？

2. 本实验为什么要加入 NH_4SCN？为什么不能过早地加入？

3. 若试样中含有铁，则加入何种试剂来消除铁对测定铜的干扰并控制溶液 pH 值为 3～4？

实验十八 溴酸钾法测定苯酚

一、实验目的

1. 了解和掌握以溴酸钾法与碘量法配合使用来间接测定苯酚的原理和方法。
2. 掌握 $KBrO_3$-KBr 溶液的配制方法。
3. 了解"空白试验"的意义和作用，学会做"空白试验"的方法和应用。

二、实验原理

苯酚是煤焦油的主要成分之一，也是许多高分子材料、合成染料、医药和农药等的主要原料，还被广泛用于消毒、杀菌。苯酚的生产和广泛应用造成对环境的污染，因此苯酚是环境监测常规检测的主要项目之一。

对苯酚的测定是基于苯酚与 Br_2 作用生成稳定的三溴苯酚（白色沉淀）：

$$C_6H_5OH + 3Br_2 = C_6H_2Br_3OH\downarrow + 3Br^- + 3H^+$$

由于上述反应进行较慢，而且 Br_2 极易挥发，Br_2 溶液浓度不稳定，不能用 Br_2 液直接滴定，一般使用 $KBrO_3$（含有 KBr）标准溶液在酸性介质中与还原性物质反应以产生游离 Br_2：

$$BrO_3^- + 5Br^- + 6H^+ = 3Br_2 + 3H_2O$$

溴代反应完毕后，剩余的 Br_2 用过量 KI 还原，析出 I_2 以 $Na_2S_2O_3$ 标准溶液滴定：

$$Br_2 + 2I^- = I_2 + 2Br^-$$

$$I_2 + 2S_2O_3^{2-} = 2I^- + S_4O_6^{2-}$$

由上述反应可以看出，被测苯酚与滴定剂 $Na_2S_2O_3$ 间存在如下的化学计量关系：$C_6H_5OH \sim BrO_3^- \sim 3Br_2 \sim 3I_2 \sim 6S_2O_3^{2-}$。计算苯酚含量的公式应为：

$$w_{C_6H_5OH} = \frac{\left[(cV)_{BrO_3^-} - \frac{1}{6}(cV)_{S_2O_3^{2-}}\right] \times M_{C_6H_5OH}}{m_s}$$

$Na_2S_2O_3$ 的标定，通常使用 $K_2Cr_2O_7$ 或纯铜作为基准物质，该实验为了与测定苯酚的条件一致，采用 $KBrO_3$-KBr 法，标定过程与上述测定过程相同，只是以水代替苯酚试样进行操作①。

三、仪器与试剂

1. 仪器

电子天平，台秤，酸式滴定管，移液管，试剂瓶，锥形瓶，烧杯，量筒，洗瓶，玻璃棒，滴管，洗耳球等。

2. 试剂

0.05mol·L^{-1} $Na_2S_2O_3$ 标准溶液，5g·L^{-1} 淀粉溶液，100g·L^{-1} KI 溶液，1∶1 HCl 溶液，苯酚试样。

0.1000mol·L^{-1} $KBrO_3$-KBr 标准溶液准确称取 0.6959g $KBrO_3$ 置于小烧杯中加入 4gKBr，用水溶解后定量转移至 250mL 容量瓶中，稀释定容，摇匀。

四、实验步骤

于 100mL 烧杯中准确称取 0.2～0.3g 苯酚试样，加入 5mL NaOH，用少量水溶解后，定量转入 250mL 容量瓶，稀释至刻度，摇匀。准确吸取试液 10.00mL 于 250mL 碘量瓶中，再加入 25.00mL $KBrO_3$-KBr 标准溶液，并加入 10mL HCl（1∶1）溶液，迅速盖塞，充分摇匀 1～2min，此时生成白色三溴苯酚沉淀和 Br_2，再避光静置 5min，加入 KI 溶液 20mL②，摇匀，避光静置 5～10min，用少量水冲洗瓶塞及瓶颈上附着物，用 $Na_2S_2O_3$ 标准溶液滴定至淡黄色，加 2mL 淀粉溶液，继续滴定至蓝色消失，即为终点③。平行测定 3 份，根据实验结果计算苯酚含量（mg·L^{-1}）。同时做空白试验④。

五、数据记录与处理

表 1 苯酚含量的测定

次数	1	2	3
$V_{试液}$/mL	10.00	10.00	10.00
$V_{Na_2S_2O_3}$/mL			
$c_{苯酚}$/mg·L^{-1}			
$\bar{c}_{苯酚}$/mg·L^{-1}			
$\bar{d}_r$			

注：

六、注释

① 参见本章实验十六。

② 加 KI 溶液时，不要打开瓶塞，只能稍松开瓶塞，使 KI 溶液沿瓶塞流入，以免 Br_2 挥发损失。

③ 三溴苯酚沉淀易包裹 I_2，故在近终点时，应剧烈振荡碘量瓶。

④ 空白实验：即准确吸取 25.00mL $KBrO_3$-KBr 标准溶液加入 250mL 碘量瓶中，并

加入 15mL 去离子水及 6～10mL HCl（1∶1）溶液，迅速加塞振荡 1～2min，再避光静置 5min，以下操作与测定苯酚相同。

七、思考题

1. 为什么苯酚测定要在碘量瓶中进行？若用锥形瓶代替碘量瓶会产生什么影响？
2. 试分析溴酸钾法测定苯酚的主要误差来源。

实验十九 可溶性氯化物中氯含量的测定

Ⅰ 莫尔法

一、实验目的

1. 掌握莫尔法测定氯离子的原理、方法和实验操作。
2. 掌握铬酸钾指示剂的正确使用。
3. 学习 $AgNO_3$ 标准溶液的配制和标定。

二、实验原理

某些可溶性氯化物中氯含量的测定常采用莫尔法。在中性或弱碱性溶液中[①]，以 K_2CrO_4 为指示剂，用 $AgNO_3$ 标准溶液进行滴定。AgCl 的溶解度比 Ag_2CrO_4 的小，因此，溶液中首先析出 AgCl 沉淀。当 AgCl 定量析出后，过量 1 滴 $AgNO_3$ 溶液即与 CrO_4^{2-} 生成砖红色 Ag_2CrO_4 沉淀，指示达到终点。主要反应式如下：

$$Ag^+ + Cl^- \longrightarrow AgCl\downarrow (白色) \qquad K_{sp} = 1.8\times10^{-10}$$

$$2Ag^+ + CrO_4^{2-} \longrightarrow Ag_2CrO_4\downarrow (砖红色) \qquad K_{sp} = 2.0\times10^{-12}$$

通过消耗 $AgNO_3$ 标准溶液的体积和浓度计算试样中氯的含量。指示剂的用量对滴定有影响，一般以 $5.0\times10^{-3}\,mol\cdot L^{-1}$ 为宜，凡是能与 Ag^+ 生成难溶化合物或配合物的阴离子都干扰测定。如 AsO_4^{3-}、AsO_3^{3-}、S^{2-}、CO_3^{2-}、$C_2O_4^{2-}$ 等，其中 H_2S 可加热煮沸除去，将 SO_3^{2-} 氧化成 SO_4^{2-} 后不再干扰测定。大量 Cu^{2+}、Ni^{2+}、Co^{2+} 等有色离子将影响终点的观察。凡是能与 CrO_4^{2-} 指示剂生成难溶化合物的阳离子也干扰测定，如 Ba^{2+}、Pb^{2+} 能与 CrO_4^{2-} 分别生成 $BaCrO_4$ 和 $PbCrO_4$ 沉淀。Ba^{2+} 的干扰可通过加入过量 $Na_2S_2O_4$ 消除。

Al^{3+}、Fe^{3+}、Bi^{3+}、Sn^{4+} 等高价金属离子在中性或弱碱性溶液中易水解产生沉淀，应除去。

三、仪器与试剂

1. 仪器

电子天平，台秤，酸式滴定管，移液管，容量瓶，锥形瓶，烧杯，量筒，洗瓶，玻璃棒，滴管，洗耳球等。

2. 试剂

$50g \cdot L^{-1} K_2CrO_4$溶液，NaCl 试样。

NaCl(s，GR) 基准试剂：在 500～600℃干燥 2～3h，放置干燥器中冷却后使用。

$0.1mol \cdot L^{-1}$ $AgNO_3$：溶解 8.5g $AgNO_3$ 于 500mL 不含 Cl^- 的蒸馏水中，将溶液转入棕色试剂瓶中，置暗处保存，以防止见光分解。

四、实验步骤

1. $0.1mol \cdot L^{-1}$ $AgNO_3$ 溶液的配制及标定

称取 8.5g $AgNO_3$ 固体于小烧杯中，用少量水溶解后，转入棕色试剂瓶中②，稀释至 500mL 左右，置于暗处保存。

准确称取 0.5～0.6g 基准试剂 NaCl 于小烧杯中，用蒸馏水溶解后，转入 100mL 容量瓶中，加水稀释至刻度，摇匀。准确移取 20.00mL NaCl 标准溶液于 250mL 锥形瓶中，加入 20mL 水，再加入 1mL $50g \cdot L^{-1}$ K_2CrO_4 指示剂，在不断摇动下，用 $AgNO_3$ 溶液滴定至呈现砖红色即为终点。平行三次实验，计算 $AgNO_3$ 浓度，其相对平均偏差应小于 0.2%。

2. 试样分析

准确称取约 1.6g 含氯试样于烧杯中，加水溶解后，转入 250mL 容量瓶中，用水稀释至刻度，摇匀。

准确移取 20.00mL 试液于 250mL 锥形瓶中，加入 20mL 水，加入 1mL $50g \cdot L^{-1}$ K_2CrO_4 指示剂，在不断摇动下，用 $AgNO_3$ 标准溶液滴定至呈现砖红色即为终点，平行测定三份，根据试样的质量和滴定中消耗的 $AgNO_3$ 标准溶液的体积和浓度计算试样中 Cl^- 的含量，并计算出相对平均偏差。

必要时进行空白测定，即取 20mL 蒸馏水按上述同样操作测定。计算试样值时扣除空白所消耗的 $AgNO_3$ 标准溶液体积③。

五、数据记录与处理

表 1　硝酸银溶液的标定

次数	1	2	3
m_{NaCl}/g			
V_{NaCl}/mL			
V_{AgNO_3}/mL			
$c_{AgNO_3}/mol \cdot L^{-1}$			
$\bar{c}_{AgNO_3}/mol \cdot L^{-1}$			
$\bar{d}_r$			

注：

表 2 氯化物中氯的测定

次数	1	2	3
$m_{试样}$/g			
$V_{试液}$/mL			
V_{AgNO_3}/mL			
w_{Cl}/%			
$\overline{w}_{Cl}$/%			
$\overline{d}_r$			

注：

六、注释

① 最适宜的 pH 范围为 6.5～10.5；若有铵盐存在，尽量避免 $[Ag(NH_3)_2]^+$ 生成，溶液 pH 范围应控制在 6.5～7.2 为宜。

② $AgNO_3$ 见光分解析出金属银，故需要保存在棕色试剂瓶中。$2AgNO_3 \xrightarrow{光} 2Ag + 2NO_2 + O_2$，$AgNO_3$ 若与有机物接触，则起还原作用，故勿使 $AgNO_3$ 与皮肤接触。

③ 实验结束后，盛装 $AgNO_3$ 溶液的滴定管应先用蒸馏水冲洗 2～3 次，再用自来水冲洗，以免产生 AgCl 沉淀，难以洗净。含银废液应回收，不可随意倒入水槽。

七、思考题

1. 配制好的 $AgNO_3$ 溶液要贮于棕色瓶中，并置于暗处，为什么？
2. 做空白测定有何意义？K_2CrO_4 溶液的浓度或用量对测定结果有何影响？
3. 能否用莫尔法以 NaCl 标准溶液直接滴定 Ag^+？为什么？

Ⅱ 福尔哈德法

一、实验目的

1. 掌握利用福尔哈德法来测定氯离子的原理、方法和实验操作。
2. 掌握返滴定法。
3. 学习 NH_4SCN 标准溶液的配制和标定。
4. 学习铁铵矾指示剂的正确使用。

二、实验原理

在含 Cl^- 的酸性试液中，加入一定量过量的 $AgNO_3$ 标准溶液，定量生成 AgCl 沉淀后，过量的 Ag^+ 以铁铵矾为指示剂，再用硫氰酸标准溶液滴定，待硫酸氢银沉淀完全，稍过量的 SCN^- 与 Fe^{3+} 反应生成红色络离子，表示达到滴定终点。主要反应为：

$$Cl^- + Ag^+(过量) = AgCl\downarrow(白色) \qquad K_{sp}=1.8\times10^{-10}$$

$$Ag^+(剩余) + SCN^- = AgSCN\downarrow(白色) \qquad K_{sp}=1.0\times10^{-12}$$

$$SCN^- + Fe^{3+} = FeSCN^{2+}(红色) \qquad K_1=138$$

指示剂用量对滴定有影响，一般控制 Fe^{3+} 的浓度为 $0.015mol\cdot L^{-1}$。

滴定时，控制氢离子浓度为 $0.1\sim1mol\cdot L^{-1}$，剧烈摇动溶液，并加入硝基苯（有毒!）或石油醚保护 AgCl 沉淀，使其与溶液隔开，防止 AgCl 与 SCN^- 发生交换反应而消耗滴定剂。

测定时，能与 SCN^- 生成沉淀，或生成络合物，或能氧化 SCN^- 的物质都有干扰。PO_4^{3-}、AsO_4^{3-}、CrO_4^{2-} 等离子，由于酸效应的作用而不影响测定。

福尔哈德法常用于直接测定银合金和矿石中的银的质量分数。

三、仪器与试剂

1. 仪器

电子天平，台秤，酸式滴定管，移液管，试剂瓶，锥形瓶，烧杯，量筒，洗瓶，玻璃棒，滴管，洗耳球等。

2. 试剂

$0.1mol\cdot L^{-1}$ $AgNO_3$，$0.1mol\cdot L^{-1}$ NH_4SCN，$400g\cdot L^{-1}$ 铁铵矾指示剂溶液，HNO_3（1+1）（若含有氮的氧化物而呈黄色时，应煮沸去除氮化合物），硝基苯，NaCl 试样。

四、实验步骤

1. $0.1mol\cdot L^{-1}$ $AgNO_3$ 标准溶液的配制及标定

参见莫尔法。

2. NH_4SCN 标准溶液的配制及标定

称取 3.8g NH_4SCN 溶于烧杯中，用 500mL 水溶解后转入试剂瓶。用移液管移取 $AgNO_3$ 标准溶液 25.00mL 于 250mL 锥形瓶中，加入 5mL（1+1）HNO_3，铁铵矾指示剂 1.0mL，然后用 NH_4SCN 溶液滴定。滴定时，剧烈振荡溶液，当滴至溶液颜色为淡红色稳定不变时即为终点。平行标定 3 份。计算 NH_4SCN 溶液浓度。

3. 试样分析

准确称取 2.0g 左右含氯试样于烧杯中，加水溶解后，转入 250mL 容量瓶中，用水稀释至刻度，摇匀。

用移液管移取 25.00mL 试样溶液于 250mL 锥形瓶中，加 25mL 水，加入 5mL

(1+1) HNO_3，用滴定管加入 $AgNO_3$ 标准溶液至过量 5～10mL，加入 $AgNO_3$ 溶液时，生成白色 AgCl 沉淀，接近计量点时，AgCl 要凝聚，振荡溶液，再让其静置片刻，使沉淀沉降，然后加入几滴 $AgNO_3$ 到清液层，如不生成沉淀，说明 $AgNO_3$ 已过量。这时，再适当过量 5～10mL $AgNO_3$ 溶液即可，然后加入 2mL 硝基苯，用橡皮塞塞住瓶口，剧烈振荡半分钟，使 $AgNO_3$ 沉淀进入硝基苯层而与溶液隔开。再加铁铵矾指示剂 1.0mL，然后用 NH_4SCN 溶液滴至溶液颜色为淡红色稳定不变时即为终点。平行标定 3 份，计算试样中 Cl^- 的含量。

五、数据记录与处理

表 1 NH_4SCN 溶液的标定

次数	1	2	3
m_{NH_4SCN}/g			
V_{AgCl}/mL			
V_{NH_4SCN}/mL			
c_{NH_4SCN}/mol·L^{-1}			
$\bar{c}_{NH_4SCN}$/mol·L^{-1}			
$\bar{d}_r$			

注：

表 2 氯化物中氯的测定

次数	1	2	3
$m_{试样}$/g			
$V_{试液}$/mL			
V_{NH_4SCN}/mL			
w_{Cl}/%			
$\overline{w}_{Cl}$/%			
$\bar{d}_r$			

注：

六、思考题

1. 福尔哈德法测氯时，为什么要加入石油醚或硝基苯？当用此法测定 Br^-、I^- 时，还需要加石油醚或硝基苯吗？

2. 试讨论酸度对福尔哈德法测定卤素离子含量的影响。

3. 本实验为什么用 HNO_3 酸化？可否用 HCl 或 H_2SO_4 酸化？为什么？

实验二十　钡盐中钡含量的测定（重量分析法）

一、实验目的

1. 了解重量法测定钡的基本原理和方法。
2. 掌握晶形沉淀的制备、过滤、洗涤、灼烧及恒重等基本操作技术。

二、实验原理

$BaSO_4$ 重量法既可用于测定钡（Ba^{2+}）也可用于测定 SO_4^{2-} 的含量。将可溶性硫酸盐试样溶于水中，用稀盐酸酸化，加热近沸，不断搅拌下，缓慢滴加热的稀 H_2SO_4 溶液，生成难溶性硫酸钡沉淀。

$$Ba^{2+} + SO_4^{2-} = BaSO_4\downarrow（白色）$$

硫酸钡是典型的晶形沉淀，因此应完全按照晶形沉淀的处理方法，所得沉淀经陈化后，过滤、洗涤、干燥、炭化、灰化和灼烧，最后以硫酸钡沉淀形式称量，求得试样中钡的含量。

Ba^{2+}可生成一系列微溶化合物，如 $BaCO_3$、BaC_2O_4、$BaCrO_4$、$BaHPO_4$、$BaSO_4$ 等，其中以 $BaSO_4$ 溶解度最小，100mL 溶液中，100℃时溶解 0.4mg，25℃时仅溶解 0.25mg。当过量沉淀剂存在时，溶解度大为减小，一般可以忽略。$BaSO_4$ 沉淀的组成与其化学式相符合，化学性质非常稳定，因此凡含硫的化合物将其氧化成硫酸根以及钡盐中的钡离子都可用 $BaSO_4$ 的形式来测定。

$BaSO_4$ 重量法用于测定 Ba^{2+}时，一般用稀 H_2SO_4 作为沉淀剂。欲使 $BaSO_4$ 沉淀完全，H_2SO_4 须过量。由于高温下 H_2SO_4 可挥发除去，沉淀带的 H_2SO_4 不会引起误差，因此沉淀剂可过量 50%～100%。如果 $BaSO_4$ 重量法测定 SO_4^{2-} 的含量时，沉淀剂为 $BaCl_2$，只允许过量 20%～30%，因为 $BaCl_2$ 灼烧时不易挥发除去。

三、仪器与试剂

1. 仪器

电子天平，烧杯，洗瓶，玻璃棒，滴管，瓷坩埚，漏斗，定量滤纸，马弗炉等。

2. 试剂

$2mol\cdot L^{-1}$盐酸，$BaCl_2\cdot 2H_2O$（s，AR），$0.1mol\cdot L^{-1}$硝酸银，$1mol\cdot L^{-1}$ H_2SO_4。

四、实验步骤

1. 称样及沉淀的制备

准确称取两份 0.4～0.5g $BaCl_2 \cdot 2H_2O$ 试样，分别置于 250mL 烧杯中，用水 100mL 溶解，加入 $2mol \cdot L^{-1}$ 盐酸 3mL①，盖上表面皿加热近沸（勿沸腾以免溅失）。

另取 4mL $1mol \cdot L^{-1}$ H_2SO_4 两份分别置于 100mL 烧杯中，加水 30mL，加热至沸。在不断搅拌下，趁热用滴管吸取稀 H_2SO_4 溶液，逐滴加入试液中，沉淀完毕后，静置 2min，待硫酸钡下沉，于上层清液中加 1～2 滴 H_2SO_4 溶液，仔细观察有无浑浊出现，以检验沉淀是否完全，盖上表面皿微沸 10min，在室温下陈化 12h 或放置过夜（也可将沉淀放在水浴或沙浴上，保温 40min，陈化），以使试液上面悬浮微小晶粒完全沉下，溶液澄清。

2. 沉淀的过滤和洗涤

取中速定量滤纸两张，按漏斗的大小折好滤纸使其与漏斗很好地贴合（见第二章第三节），用水润湿，并使漏斗颈内留有水柱，将漏斗置于漏斗架上，漏斗下面各放一只清洁的烧杯，利用倾泻法小心地把上层清液沿玻璃棒慢慢倾入已准备好的漏斗中，尽可能不让沉淀倒入漏斗滤纸上，以免妨碍过滤和洗涤。当烧杯中清液已经倾注完后，用稀 H_2SO_4（1mL $1mol \cdot L^{-1}$ H_2SO_4 加 100mL 水配成）洗涤沉淀 3～4 次（倾泻法），每次约 10mL，然后将沉淀定量转移到滤纸上，再用热水洗涤 7～8 次，用硝酸银检验不显浑浊（表示无氯离子）为止。

3. 空坩埚的恒重

将两个洁净的瓷坩埚放在（800℃ ± 20℃）的马弗炉中灼烧至恒重。第一次灼烧 40min，第二次后每次只灼烧 20min。

4. 沉淀的灼烧和恒重②

将盛有沉淀的滤纸折叠成小包，移入已在 800℃灼烧至恒重的瓷坩埚中，经烘干、炭化、灰化后，再置于 800℃的马弗炉中灼烧至恒重（约 1h），取出，置于干燥器内冷却至室温、称量。根据所得硫酸钡量，计算试样中钡的含量。

五、数据记录与处理

表 1 钡的含量测定

次数	1	2	3
$m_{BaCl_2 \cdot 2H_2O}/g$			
$m_{坩埚}/g$			
$m_{坩埚+样品}/g$			
$w_{Ba}/\%$			
$\overline{w}_{Ba}/\%$			
$\overline{d}_r$			

注：

六、注释

① 盐酸的作用如下。

a. 利用盐酸提高硫酸钡沉淀的溶解度，以得到较大晶粒的沉淀，利于过滤沉淀。所以在沉淀硫酸钡时，不要使酸度过高，最适宜在 $0.1mol \cdot L^{-1}$ 以下（约 $0.05mol \cdot L^{-1}$）的盐酸溶液中进行，即可将硫酸钡的溶解量忽略不计。

b. 在 $0.05mol \cdot L^{-1}$ 盐酸浓度下，溶液中若含有草酸根、磷酸根、碳酸根，与钡离子不能发生沉淀，因此不会干扰。

c. 可防止盐类的水解作用，如有微量铁、铝等离子存在，在中性溶液中将因水解而生成碱式硫酸盐胶体微粒与硫酸钡一同沉淀，实验证明，溶液的酸度增大，三价离子共沉淀作用显著减小。

② 硫酸钡沉淀的灼烧

硫酸钡沉淀不能立即高温灼烧，因为滤纸碳化后对硫酸钡沉淀有还原作用：

$$BaSO_4 + 2C = BaS\downarrow + 2CO_2\uparrow$$

应先以小火使带有沉淀的滤纸慢慢灰化变黑，且绝不可着火，如不慎着火，应立即盖上坩埚盖使其熄灭，否则除发生反应外，还能由于热空气流而吹走沉淀，必须特别注意。如已发生还原作用，微量的硫化钡在充足空气中，可能氧化而重新成为硫酸钡：

$$BaS + 2O_2 = BaSO_4\downarrow$$

若灼烧达到恒重，即上述氧化作用已告结束，沉淀已不含硫化钡。另外，灼烧沉淀的温度应不超过 900℃，且不宜时间太长，以避免发生下列反应而引起误差，使结果偏低。

$$BaSO_4 \longrightarrow BaO + SO_3\uparrow$$

七、思考题

1. 沉淀硫酸钡时为什么要在稀盐酸介质中进行沉淀？搅拌的目的是什么？

2. 为什么沉淀硫酸钡要在热溶液中进行而在冷却后进行过滤，沉淀后为什么要陈化？

3. 用倾泻法过滤有什么优点？洗涤沉淀时，为什么用洗涤液或水都要少量、多次？

4. 什么叫灼烧至恒重？

实验二十一　硝酸镍中镍含量的测定——丁二酮肟重量法

一、实验目的

1. 了解有机试剂丁二酮肟在重量法中的应用。
2. 熟悉在沉淀时如何调节溶液的 pH 值，掌握砂芯漏斗的使用方法。
3. 掌握沉淀的过滤、洗涤、转移的操作。

二、实验原理

在氨性缓冲溶液中，Ni^{2+} 与丁二酮肟生成鲜红色沉淀，沉淀的组成恒定，经过滤、洗涤、烘干后即可称量。

丁二酮肟只与 Ni^{2+}、Fe^{2+} 生成沉淀，此外，丁二酮肟还能与 Cu^{2+}、Co^{2+}、Fe^{3+} 生成水溶液配合物，丁二酮肟与 Ni^{2+} 沉淀时，受溶液中酸度的影响，溶液的 pH＝7.0～10.0 为宜，故通常在 pH 8～9 的氨性缓冲溶液中进行沉淀。

Fe^{3+}、Al^{3+}、Cr^{3+}、Zn^{2+}、Ca^{2+}、Mg^{2+} 等在氨性溶液中生成氢氧化物沉淀，因此 pH 调至碱性前，需加入柠檬酸或酒石酸，使这些金属离子与之生成稳定配合物以消除干扰。

三、仪器与试剂

1. 仪器

电子天平，烧杯，洗瓶，玻璃棒，滴管，砂芯漏斗。

2. 试剂

$10g \cdot L^{-1}$ 丁二酮肟乙醇溶液，1∶1 氨水，$50g \cdot L^{-1}$ 酒石酸溶液，广泛 pH 试纸，1∶1 盐酸，$0.5g \cdot L^{-1}$ 硝酸银。

四、实验步骤

准确称取试样 0.15g 左右，于 400mL 烧杯中，加 40mL 水使其溶解，然后加入 $50g \cdot L^{-1}$ 酒石酸溶液 5mL，在不断搅拌下滴加 1∶1 氨水至弱碱性（注意颜色变化），然后用 1∶1 盐酸酸化，用热水稀释至 300mL 后，加热至 70～80℃左右，在不断搅拌下加入

$10g \cdot L^{-1}$丁二酮肟溶液50mL以沉淀Ni^{2+}（每毫升Ni^{2+}约需1mL丁二酮肟，丁二酮肟在水中溶解度很小，沉淀剂加入量不能过量太多，以免沉淀剂从溶液中析出，但所加沉淀剂总量不超过试液体积的1/3），在不断搅拌下滴加1∶1氨水使溶液pH＝8～9，于60～70℃水浴保温30～40min，稍冷后，用已恒重的砂芯漏斗过滤，用倾泻法过滤、洗涤沉淀[①]，可在滤液中加沉淀剂检查沉淀是否完全，若有沉淀生成，再加5mL沉淀剂丁二酮肟乙醇溶液，继续过滤沉淀，再用热水洗涤7～8次至无Cl^-为止[②]。把漏斗连同沉淀在110～120℃之间烘干1h，冷却，称重，再烘至恒重，根据沉淀质量及试样质量计算镍的百分含量。

$$Ni\% = \frac{mM_{Ni}/M_{NiC_8H_{14}N_4O_4}}{m_s} \times 100$$

式中，M_{Ni}为镍的摩尔质量，58.69$g \cdot mol^{-1}$；$M_{NiC_8H_{14}N_4O_4}$为丁二酮肟镍的摩尔质量，288.94$g \cdot mol \cdot L^{-1}$；M为沉淀质量，g；m_s为样品质量，g。

五、数据记录与处理

表1 镍的含量测定

次数	1	2	3
m_s/g			
$m_{漏斗}$/g			
$m_{漏斗+样品}$/g			
w_{Ni}/%			
$\overline{w}_{Ni}$/%			
$\overline{d}_r$			

注：

六、注释

① 用倾泻法过滤沉淀，洗涤沉淀操作参看第二章。

② 检查Cl^-时，先将滤液用HNO_3酸化，再用$AgNO_3$检验之。

七、思考题

1. 丁二酮肟重量法测定镍时，应注意哪些沉淀条件？为什么？本实验与$BaSO_4$重量法有哪些不同之处？通过本实验，你对有机沉淀剂的特点有哪些认识？

2. 加入酒石酸的作用是什么？加入过量沉淀剂并稀释的目的是什么？

实验二十二 邻二氮菲分光光度法测定铁

一、实验目的

1. 了解分光光度计的结构和正确使用方法。
2. 学会如何选择分光光度分析的实验条件。
3. 掌握光度法测定铁的原理。

二、实验原理

邻二氮菲（phen）是测定微量铁的较好试剂。在 pH＝2～9 的溶液中，试剂与 Fe^{2+} 生成稳定的红色配合物，其 $\lg K_{形}=21.3$，络合物的最大吸收峰在 510nm 波长处，摩尔吸光系数 $\kappa=1.1\times10^{4}L\cdot mol^{-1}\cdot cm^{-1}$。其反应式如下：

$$Fe^{2+}+3phen \xlongequal{} Fe(phen)_3^{2+}\text{（红色）}$$

本方法的选择性很高，相当于含铁量 40 倍的 Sn^{2+}、Al^{3+}、Ca^{2+}、Mg^{2+}、Zn^{2+}、SiO_3^{2-}，20 倍 Cr^{3+}、Mn^{2+}、V(Ⅴ)、PO_4^{3-}，5 倍 Co^{2+}、Cu^{2+} 等均不干扰测定。

三、仪器与试剂

1. 仪器

分光光度计，比色管，吸量管，pH 计。

2. 试剂

$1.5g\cdot L^{-1}$ 邻二氮菲（Phen），$100g\cdot L^{-1}$ 盐酸羟胺（临用时配制），$1mol\cdot L^{-1}$ 醋酸钠溶液，$1mol\cdot L^{-1}$ NaOH。

$100\mu g\cdot mL^{-1}$ 铁标准溶液：准确称取 0.8634g $NH_4Fe(SO_4)_2\cdot12H_2O$，置于烧杯中，加入 20mL 1∶1 HCl 和少量水，溶解后，定量地转移至 1L 容量瓶中，以水稀释至刻度，摇匀。

四、实验步骤

（一）条件试验

1. 吸收曲线的制作和测量波长的选择

用吸量管吸取0.0mL和0.5mL铁标准溶液分别注入25mL比色管中，各加入0.5mL盐酸羟胺溶液，摇匀。再加入1mL Phen，3.0mL NaAc，加水稀释至刻度，摇匀。放置10min后用1cm比色皿，以试剂空白（即0.0mL铁标准溶液）为参比溶液，在440～560nm之间，测定其各溶液的吸光度。每隔10nm测一次吸光度，在最大吸收峰附近，每隔5nm测一次吸光度。在坐标纸上，以波长λ为横坐标，吸光度A为纵坐标，绘制A与λ关系的吸收曲线。从吸收曲线上选择测定铁的适宜波长，一般选择最大吸收波长λ_{max}。

2. 溶液酸度的选择

取8个25mL比色管，用吸量管分别加入1.0mL铁标准溶液，0.5mL盐酸羟胺，摇匀，再加入1.0mL Phen，摇匀。用5mL吸量管分别加入0.0mL，0.2mL，0.5mL，1.0mL，1.5mL，2.0mL，2.5mL和3.0mL $1mol \cdot L^{-1}$ NaOH溶液，用水稀释至刻度，摇匀。放置10min后用1cm比色皿，以蒸馏水为参比溶液①，在选择的波长下测定各溶液的吸光度。同时，用pH计测量各溶液的pH。以pH为横坐标，吸光度A为纵坐标，绘制A与pH关系的酸度影响曲线，得出测定铁的适宜酸度范围。

3. 显色剂用量的选择

取7个25mL比色管，用吸量管各加入1.0mL铁标准溶液，0.5mL盐酸羟胺，摇匀。再分别加入0.1mL，0.2mL，0.3mL，0.4mL，0.5mL，1.0mL和2.0mL Phen，再加入3.0mL NaAc，以水稀释至刻度，摇匀。放置10min后用1cm比色皿，以蒸馏水为参比溶液，在选择的波长下测定各溶液的吸光度。以所取Phen溶液体积V为横坐标，吸光度A为纵坐标，绘制A与V关系的显色剂用量影响曲线。得出测定铁时显色剂的最适宜用量。

4. 显色时间

在一个25mL比色管中，用吸量管加入1.0mL铁标准溶液，0.5mL盐酸羟胺，摇匀。再加入1.0mL Phen，3.0mL NaAc，以水稀释至刻度，摇匀。立刻用1cm比色皿，以蒸馏水为参比溶液，在选择的波长下测定溶液的吸光度。然后依次测量放置时间5min，10min，30min，60min，90min，120min后的吸光度。以时间t为横坐标，吸光度A为纵坐标，绘制A与t关系的显色时间影响曲线。得出测定铁与邻二氮菲显色反应完全所需要的适宜时间。

（二）铁含量的测定

1. 标准曲线的制作

在6只25mL比色管中，用吸量管分别加入0.0mL，0.5mL，1.0mL，1.5mL，2.0mL，2.5mL $100\mu g \cdot mL^{-1}$铁标准溶液，再加入0.5mL盐酸羟胺溶液、1.0mL邻二氮菲溶液和3.0mL NaAc溶液，以水稀释至刻度，摇匀。在510nm波长下，用1cm比色皿，以试剂空白为参比溶液，在选择的波长下测定各溶液的吸光度。以含铁量为横坐标，溶液相应的吸光度A为纵坐标，绘制标准曲线。

2. 试样中铁含量的测定②

取试液5.0mL于25mL比色管中，按上述标准曲线的制作步骤显色后，在其相同条件下测定吸光度，在标准曲线上查出并计算其试样中微量铁的含量（$mg \cdot L^{-1}$）。

五、数据记录与处理

表 1 吸收曲线

λ/nm	440	450	460	470	480	490	500	505	510	515	520	530	540	550	560
A															

表 2 溶液酸度的确定（λ_{max}=510nm）

编号	1	2	3	4	5	6	7	8
V_{NaOH}/mL	0.0	0.2	0.4	0.6	0.8	1.0	2.5	3.0
pH								
A								

表 3 显色剂用量的确定（λ_{max}=510nm）

编号	1	2	3	4	5	6	7
V_{Phen}/mL	0.1	0.2	0.3	0.4	0.5	1.0	2.0
A							

表 4 显色时间的确定（λ_{max}=510nm）

编号	1	2	3	4	5	6	7
t/min	0	5	10	30	60	90	120
A							

表 5 标准曲线（λ_{max}=510nm）

编号	标准溶液						未知液
	1	2	3	4	5	6	7
V_{Fe}/mL	0.0	0.5	1.0	1.5	2.0	2.5	
$c_{Fe}/\mu g \cdot mL^{-1}$							
A							

六、注释

① 该显色体系的试剂空白为无色溶液，本法的条件试验用蒸馏水作为参比溶液，操

作较为简单。

② 试样中铁含量的测定和标准曲线的制作可同时进行。

七、思考题

1. 本实验量取各种试剂时采用何种量器较为合适？为什么？

2. 怎样用吸光光度法测定水样中的全铁（总铁）和亚铁的含量？试拟出一简单步骤。

3. 制作标准曲线和进行其他条件试验时，加入试剂的顺序能否任意改变？为什么？

实验二十三 合金钢中镍的测定——丁二酮肟光度法

一、实验目的

1. 进一步熟悉分光光度计和吸量管的使用方法。
2. 学习合金钢样品前处理的方法。
3. 学习用丁二酮肟光度法测定合金钢样中镍的方法。

二、实验原理

于碱性介质中，有氧化剂存在下，Ni(Ⅳ)与丁二酮肟形成可溶性酒红色络合物(NiD_3^{2-})。此络合物溶液的吸光度与镍的含量在一定范围内（0～5μg·mL^{-1}）符合朗伯-比耳定律，借此测定 Ni 含量。

$$3Ni+8HNO_3 = 3Ni(NO_3)_2+2NO\uparrow+4H_2O$$

$$Ni(NO_3)_2+(NH_4)_2S_2O_8 = Ni(SO_4)_2+2NH_4NO_3$$

$$Ni^{4+}+3D^{2-} = NiD_3^{2-}$$

氧化剂可用过硫酸铵［$(NH_4)_2S_2O_8$］、碘、溴、过氧化氢等。通常在强碱性介质中用（$(NH_4)_2S_2O_8$），在氨性介质中用碘。

由于在碱性介质中 Fe^{3+}、Al^{3+}生成沉淀而干扰测定，可借助加入酒石酸钠或柠檬酸使其络合达到掩蔽作用。如样品中 Cu、Co 含量高时，可用萃取法分离，含量少可以忽略干扰。大量的 Mn 在微酸性溶液中，用（$(NH_4)_2S_2O_8$）使之氧化成 MnO_2 而分离。其他元素不影响测定。本法适用于铁矿、锰矿及有色金属矿石中 $w_{Ni}/10^{-2}=0.005\sim2$ 的测定。

络合物分别在 460nm、530nm 有两个最大吸收峰，由于用酒石酸盐或柠檬酸掩蔽 Fe^{3+}所形成的络合物在 460nm 处也有吸收，故选择测定波长为 530nm，此时摩尔吸收系数为1.5×10^4L·mol^{-1}·cm^{-1}。

三、仪器与试剂

1. 仪器

分光光度计；容量瓶（或比色管）；吸量管。

2. 试剂

HCl，HNO_3，$HClO_4$，100g·L^{-1} 酒石酸钾钠溶液，2mol·L^{-1} NaOH 溶液，40g·L^{-1} 过硫酸铵溶液，乙醇溶液，合金钢试样，纯铁粉。

10g·L^{-1}丁二酮肟乙醇溶液：称取1g丁二酮肟溶解在100mL乙醇溶液中。

100μg·mL^{-1}镍标准溶液：称取0.1000g金属镍（99.99%）于200mL烧杯中，加入10mL HNO_3（1+1），加热溶解5～10min，冷却后移入1000mL容量瓶中，用水稀释至刻度，混匀。

四、实验步骤

1. 试样处理

分别称取试样和纯铁试样0.05～0.10g[①]（精确至0.0001g）于锥形瓶中，加入9.0mL HCl，加热微沸，再加入3mL HNO_3 盖上表面皿，加热至试样完全分解。加入5mL $HClO_4$（1+1）[②]，蒸发至冒 $HClO_4$ 白烟30s（白烟至瓶口，由浓变薄即可，此时如试样中含铬则被氧化成六价），取下，冷却，用水吹洗表皿及杯壁，移入100mL容量瓶中，用水稀释至刻度，摇匀。

2. 标准曲线

于5支25mL比色管中，各加入1.0mL纯铁试样溶液，依次加入镍标准溶液(10μg·mL^{-1}) 0.0mL，2.0mL，4.0mL，6.0mL，8.0mL。加入100g·L^{-1}酒石酸钾钠溶液5.0mL，2mol·L^{-1}NaOH溶液5.0mL，40g·L^{-1}过硫酸铵溶液2.5mL[③]，10g·L^{-1}丁二酮肟乙醇溶液1.0mL，以水稀释至刻度，摇匀。放置15～20min（温度低于10℃时放置20min），以不加镍标准溶液为参比，用1cm比色皿，于530nm处测量吸光度，并绘制标准曲线。

3. 样品测定

试样显色液：吸取试样溶液1.0mL于25mL比色管中，加入100g·L^{-1}酒石酸钾钠溶液5.0mL，2mol·L^{-1}NaOH溶液5.0mL，40g·L^{-1}过硫酸铵溶液2.5mL，10g·L^{-1}丁二酮肟乙醇溶液1.0mL，以水稀释至刻度，摇匀[④]。放置15～20min（温度低于10℃时放置20min），用1cm比色皿，于530nm处测量吸光度。用试样空白校正，再由工作曲线上查得试样中镍的含量。

试样空白：吸取试样溶液1.0mL于25mL比色管中，加入100g·L^{-1}酒石酸钾钠溶液5.0mL，2mol·L^{-1} NaOH溶液5.0mL，40g·L^{-1}过硫酸铵溶液2.5mL，乙醇溶液1.0mL，以水稀释至刻度，摇匀。放置15～20min（温度低于10℃时放置20min），用1cm比色皿，于530nm处测量吸光度。

五、数据记录与处理

表 1 标准曲线（$\lambda_{max}=510nm$）

编号	标准溶液					未知液
	1	2	3	4	5	6
V_{Ni}/mL	0.0	2.0	4.0	6.0	8.0	
$c_{Ni}/\mu g \cdot mL^{-1}$	0	50	100	150	200	
A						

六、注释

① 对于含 Si 高的试样，可用 $HNO_3+HF+HClO_4$ 在铂皿中分解，制备试液。

② 如果含镍量在 0.05%～0.5%之间，可称样 0.2000g，如含镍量在 2.5%～5.0%之间，可吸取试样 5mL 显色。

③ 在加入氧化剂后，溶液有时出现紫色，可滴加 1～2 滴 $200g \cdot L^{-1}$ 过氧化氢或 2～3mL 乙醇，摇匀后即可消除。过硫酸铵的用量对色泽强度影响很大，必须准确加入。

④ 溶液如出现浑浊，可补加 5～10mL 200g/L 酒石酸钾钠溶液。

七、思考题

1. 测定试样中镍的含量为什么需要做试样空白？不做空白实验有什么影响？

2. 试样溶解时加入 $HClO_4$ 的作用是什么？

设计性实验

第一节　酸碱滴定法方案设计实验

一、实验目的

1. 培养学生查阅有关书刊的能力。

2. 运用所学知识及有关参考资料对实际试样写出实验方案设计。

3. 在教师指导下对各种混合酸碱体系的组成含量进行分析，培养学生分析问题、解决问题的能力，以提高素质。

二、实验要求

1. 学生根据所选题目所查阅的资料自拟分析方案交教师审阅后，进行实验工作，写出实验报告。

2. 设计实验实施方案时，主要应考虑下面几个问题。

(1) 有几种测定方法？选择一种最优方案。

(2) 所设计方法的原理：包括准确分步（分别）滴定的判别；滴定剂选择；计量点pH计算；指示剂的选择及分析结果的计算公式。

(3) 所需试剂的用量、浓度、配制方法。

(4) 实验步骤：包括标定、测定及其他实验步骤。

(5) 数据记录（列成三线表形式）。

(6) 讨论：包括注意事项、误差分析、心得体会等。

三、实验方案设计选题参考

1. NaH_2PO_4-Na_2HPO_4

以酚酞（或百里酚酞）为指示剂，用NaOH标准溶液滴定$H_2PO_4^-$至HPO_4^{2-}。

以甲基橙或溴酚蓝为指示剂，用 HCl 标准溶液滴定 HPO_4^{2-} 至 $H_2PO_4^-$，可以分取两份分别滴定，也可以在同一份溶液中连续滴定。

2. $NaOH-Na_3PO_4$

以百里酚酞为指示剂，用 HCl 标准溶液将 NaOH 滴定至 NaCl，将 PO_4^{3-} 滴定至 HPO_4^{2-}。以甲基橙为指示剂，用 HCl 标准溶液将 HPO_4^{2-} 滴定至 $H_2PO_4^-$。

3. $NaOH-Na_2CO_3$（$NaHCO_3-Na_2CO_3$）

混合碱中加酚酞指示剂，用 HCl 标准溶液滴定至无色，消耗 HCl 溶液的体积设为 V_1，再以甲基橙为指示剂用 HCl 标准溶液滴定至橙色，设消耗 HCl 溶液的体积为 V_2，根据 V_1 及 V_2 的大小，可判别混合碱的组成并计算各组分含量。

4. NH_3-NH_4Cl

以甲基红为指示剂，以 HCl 标准溶液滴定 NH_3 至 NH_4^+。用甲醛法将 NH_4^+ 强化后以 NaOH 标准溶液滴定。

5. $HCl-NH_4Cl$

以甲基红为指示剂，以 NaOH 标准溶液滴定 HCl 溶液至 NaCl。甲醛法强化 NH_4^+ 时，酚酞为指示剂，用 NaOH 标准溶液滴定。

6. $HCl-H_3BO_3$

与 $HCl-NH_4Cl$ 体系类似，H_3BO_3 的强化要用甘油或甘露醇。

7. $H_3BO_3-Na_2B_4O_7$

以甲基红为指示剂，用 HCl 标准溶液滴定 $Na_2B_4O_7$ 至 H_3BO_3，加入甘油或甘露醇强化 H_3BO_3 后，用 NaOH 滴定总量，差减法求出原试液中的 H_3BO_3 含量。

8. HAc-NaAc

以酚酞为指示剂，用 NaOH 标准溶液滴定 HAc 至 NaAc，在浓盐介质体系中滴定 NaAc 的含量。

9. $HCl-H_3PO_4$

以甲基红为指示剂，用 NaOH 标准溶液滴定 HCl 溶液至 NaCl，滴定 $H_3PO_4^-$ 至 $H_2PO_4^-$，再用百里酚酞为指示剂滴定 $H_2PO_4^-$ 至 HPO_4^{2-}。

10. H_2SO_4-HCl

先滴定酸的总量，然后以沉淀滴定法测定其中 Cl^- 含量，差减法求出 H_2SO_4 的量。

11. $HAc-H_2SO_4$

首先测定总酸量，然后加入 $BaCl_2$，将 H_2SO_4 沉淀析出，过滤、洗涤后，用络合滴定法测定 Ba^{2+} 的量。

12. $NH_3-H_3BO_3$

它们的混合物会生成 NH_4^+ 与 $H_2BO_3^-$，以甲醛法测定 NH_4^+，以甘露醇法测定 H_3BO_3 的量。

第二节　络合滴定法方案设计实验

一、实验目的

1. 培养学生在络合滴定理论及实验中解决实际问题的能力，并通过实践加深对理论课程的理解，使其掌握返滴定、置换滴定等技巧，对分离掩蔽等理论和实验内容有初步的了解。

2. 培养学生阅读参考资料的能力，提高实验设计水平和独立完成实验报告的能力。

二、实验要求

1. 在本实验方案设计所罗列的内容中，学生自选一个设计项目。

2. 在参考资料的基础上，拟订方案，经教师批阅后，写出详细的实验报告。

3. 实验报告有以下内容。

(1) 题目；

(2) 测量方法概述；

(3) 试剂的品种、数量和配制方法，试剂的浓度和体积；

(4) 操作步骤（标定、测定等）；

(5) 数据及相关公式；

(6) 结果和讨论。

三、实验方案设计选题参考

1. 黄铜中铜锌含量的测定

试样用硝酸溶解，用 1∶1 $NH_3 \cdot H_2O$ 调至 pH 8～9，沉淀分离干扰离子，过滤。将滤液分为两等份，其中一份滤液调至微酸性，在 pH 值为 5.5 的 HAc-NaAc 的缓冲溶液中，XO 作为指示剂，用 EDTA 标准溶液直接滴定 Cu^{2+}、Zn^{2+}。而在另一份滤液中，于 pH 值为 5.5 时，以 PAN 为指示剂用 EDTA 标准溶液直接滴定 Cu^{2+}。

2. EDTA 含量的测定

EDTA 作为一种常用的试剂，在生产过程及成品检验中，必须对它的含量进行测定。请自行查阅有关文献，拟定分析测试方案。

3. 胃舒平药片中 Al_2O_3 和 MgO 含量的测定

胃舒平药片中的有效成分是$Al(OH)_3 \cdot 2MgO$。《中华人民共和国药典》规定每片药片中Al_2O_3的含量不小于0.116g，MgO的含量不小于0.020g。

将样品溶解，分离弃去水的不溶物质，然后取一份试液，调节pH=4，定量加入过量的EDTA溶液，加热煮沸，使Al^{3+}与EDTA完全反应，再以二甲酚橙为指示剂，返滴定法测定出Al^{3+}的含量。另取一份溶液，调节pH值为5.5左右，使Al^{3+}生成$Al(OH)_3$沉淀，分离后，再调节pH=10，以铬黑T作为指示剂，用EDTA标准溶液滴定滤液中的Mg^{2+}。

4. Bi^{3+}-Fe^{3+}混合液中Bi^{3+}和Fe^{3+}含量的测定

EDTA与这两种离子所形成络合物的稳定程度相当，不能用控制酸度的方法分别对它们进行测定。可考虑对Fe^{3+}用适当的还原剂掩蔽，测定Bi^{3+}的含量。

第三节 氧化还原滴定法方案设计实验

一、实验目的

1. 巩固理论课中学过的重要氧化还原反应的知识。
2. 对滴定前预先氧化还原处理过程有所了解。
3. 对较复杂的氧化还原体系的组分测定能设计出可行的方案。

二、实验要求

1. 在本实验方案设计所罗列的内容中，学生自选一个设计项目。
2. 在参考资料的基础上，拟订方案，经教师批阅后，写出详细的实验报告。
3. 实验报告有以下内容。
(1) 题目；
(2) 测量方法概述；
(3) 试剂的品种、数量和配制方法，试剂的浓度和体积；
(4) 操作步骤（标定、测定等）；
(5) 数据及相关公式；
(6) 结果和讨论。

三、实验方案设计选题参考

1. 葡萄糖注射液中葡萄糖含量的测定

I_2 在 NaOH 溶液中生成次碘酸钠，它可将葡萄糖定量地氧化为葡萄糖酸，过量的次碘酸钠歧化为 $NaIO_3$ 和 NaI，酸化后 $NaIO_3$ 与 NaI 作用析出 I_2，以 $Na_2S_2O_3$标准溶液滴定 I_2，可以计算出葡萄糖的质量分数。

2. 胱氨酸纯度的测定

$KBrO_3$-KBr 在酸性介质中反应产生 Br_2，胱氨酸在强酸性介质中被 Br_2 氧化，剩余的 Br_2 用 KI 还原，析出的 I_2 用 $Na_2S_2O_3$ 标准溶液滴定。

3. H_2SO_4-$H_2C_2O_4$ 混合液中各组分浓度的测定

以 NaOH 滴定 H_2SO_4 及 $H_2C_2O_4$ 总酸量，酚酞为指示剂。用 $KMnO_4$ 法测定 $H_2C_2O_4$ 的质量分数，总酸浓度减去 $H_2C_2O_4$ 的含量后，可以求得 H_2SO_4 的量。

4. HCOOH 与 HAc 混合溶液

以酚酞为指示剂，用 NaOH 溶液滴定总酸量，在强碱性介质中向试样溶液加入过量 $KMnO_4$ 标准溶液，此时甲酸被氧化为 CO_2，MnO_4^- 还原为 MnO_4^{2-} 并歧化为 MnO_4^- 及 MnO_2。加酸，加入过量的 KI 还原过量部分的 MnO_4^- 及歧化生成的 MnO_4^- 及 MnO_2 至 Mn^{2+} 并析出 I_2，再以 $Na_2S_2O_3$ 标准溶液滴定。

5. 含有锰和钒的混合试样

试样分解后，将锰和钒预处理为 Mn^{2+} 和 VO^{2+}，以 $KMnO_4$ 溶液滴定，加入 $H_4P_2O_7$ 使锰形成稳定的焦磷酸盐络合物，继续用 $KMnO_4$ 溶液滴定生成的 Mn^{2+} 及原有的 Mn^{2+} 到 Mn^{3+}。根据 $KMnO_4$ 消耗的体积计算锰、钒的质量分数。

6. PbO-PbO_2 混合物

加入过量 $H_2C_2O_4$ 标准溶液使 PbO 还原为 Pb^{2+}，用氨水中和溶液，Pb^{2+} 定量沉淀为 PbC_2O_4，过滤。滤液酸化后，以 $KMnO_4$ 标准溶液滴定，沉淀以酸溶解后再以 $KMnO_4$ 滴定。

7. 含 Cr_2O_3 和 MnO 矿石中 Cr 及 Mn 的测定

以 Na_2O_2 熔融试样，得到 MnO_4^{2-} 及 CrO_4^{2-}，煮沸除去过氧化物，酸化溶液，MnO_4^{2-} 歧化为 MnO_4^- 和 MnO_2。过滤除去 MnO_2 滤液，加入过量 Fe^{2+} 标准溶液还原 CrO_4^{2-} 及 MnO_4^{2-}，过量部分的 Fe^{2+} 用 $KMnO_4$ 滴定。

8. Fe_2O_3 与 Al_2O_3 混合物

以酸溶解后，将 Fe^{3+} 还原为 Fe^{2+}，用 $K_2Cr_2O_7$ 标准溶液滴定。向试液中加入过量 EDTA 标准溶液，在 pH 为 3～4 时煮沸以络合 Al^{3+}，冷却后加入六次甲基四胺缓冲溶液，以二甲酚橙为指示剂，用 Zn^{2+} 标准溶液滴定过量的 EDTA。也可以在 pH 为 1 时，用磺基水杨酸为指示剂以 EDTA 滴定 Fe^{3+}，然后用上述方法测定 Al^{3+}。

9. As_2O_3 与 As_2O_5 混合物

将试样处理为 AsO_3^{3-} 与 AsO_4^{3-} 的溶液，调节溶液为弱碱性，以淀粉为指示剂，用 I_2 标准溶液滴定 AsO_3^{3-} 至溶液变蓝色为终点。再将该溶液用 HCl 溶液调节至酸性，并加入过量 KI 溶液，AsO_4^{3-} 将 I^- 氧化至 I_2，用 $Na_2S_2O_3$ 滴定析出的 I_2，直至终点。

10. Na_2S 与 Sb_2S_5 混合物

试样溶解后，预处理使 Sb(Ⅴ) 全部还原为 SbO_3^{3-}，在 $NaHCO_3$ 介质中以 I_2 标准溶液滴定至终点。另取一份试样溶于酸，并将 H_2S 收集于 I_2 标准溶液中，过量的 I_2 溶液用 $Na_2S_2O_3$ 返滴定。

第二篇

综合分析实验

分析化学实验作为基础化学实践性教学的一门重要课程，其任务不仅仅是给学生传授实验的基本知识、实验方法，训练学生的基本操作技能，更重要的是培养学生的自学能力、创新能力、分析解决问题能力和实践能力。教育部颁发的高等学校教学工作水平评估方案把综合性实验解释为“实验内容涉及本课程的综合知识或与本课程相关课程知识的实验”。综合分析实验，要求学生们运用已学过的无机化学、高等数学、分析化学等课程的基础理论和基本知识，进行有关化学分析和基础仪器分析的基本操作与基本技能训练。综合性实验的设计最能体现学生运用所学知识系统解决实际问题的能力，是分析化学实验体系中不可或缺的重要组成部分。

综合分析实验因为其内容不仅局限于实验内容的综合，还包括实验内容、实验方法、实验手段的综合，可以把综合性实验理解为运用实验内容涉及的综合知识或综合的实验方法、实验手段，对学生的知识、能力、素质进行综合的学习与培养的实验。为以后学习分析化学的专业课、进行生产实习和毕业实习奠定基础。所有综合性实验内容可作为相关专业的技能实习内容。

一、综合性实验（技能实习）的目的、性质和意义

分析化学技能实习是为了适应教学改革的需要和进一步提高学生动手能力，综合运用已有知识分析问题和解决问题的能力而安排的，根据新的本科教学计划安排，技能实习是本专业学生在学完基础课、技术基础课和部分专业课之后的一次重要的分析基本技能的训练，要求学生通过运用无机化学、高等数学、分析化学等课程的基础理论和基本知识，对给定的综合分析实验项目运用分析化学中的基本分析方法进行实际样品分析，理论和实践相结合，重点掌握化学分析的基本实验技术，熟悉化学分析的分析流程，了解常见物料的分析方法，合理选择分析方法初步对常量分析和分析项目进行分析。通过本次实习，培养学生独立分析问题和解决问题的能力，提高创新能力，坚持实事求是的科学态度、认真负责的工作作风和团结协作的团队精神。

二、综合性实验（技能实习）的基本要求

1. 掌握常见试剂的配制方法，标准溶液的配制和标定方法，玻璃器皿的洗涤方法和校正方法。

2. 掌握紫外-可见分光光度计、分析天平等仪器的工作原理和基本操作。

3. 掌握滴定分析和重量分析的基本操作。

4. 通过给定分析项目和分析方法，独立完成称样、溶样、实际测定、数据处理、提交分析报告的全过程。其基本结果应符合分析质量要求。

5. 通过设计实验，培养学生查阅有关资料文献的能力：能运用所学知识及有关参考资料对实际试样写出实验方案设计，在教师指导下对给定体系组成、含量进行分析，培养

学生分析问题、解决问题的能力，提高其综合素质和创新能力。

6. 实习结束，每个学生必须提交分析化学技能实习报告一份，对所实习的工作内容、方法原理、一般步骤、结果和数据处理、讨论等进行全面总结，并提交实习总结，汇报实习过程中的主要收获和建议等情况。

三、综合性实验（技能实习）的内容

人类赖以生存的地球外壳是一个岩石圈，这个岩石圈里的岩石由各种矿物组成，如自然元素、氧化物和氢氧化物、硫化物、硅酸盐、碳酸盐、磷酸盐、硫酸盐等。其中数量最多的是硅酸盐类矿物（800 多种），数量多，分布广，组成复杂，因此，在地质样品及工业原料分析中硅酸盐岩石全分析很有代表性。

1. 以硅酸盐全分析为主，主要进行 SiO_2、Al_2O_3、Fe_2O_3、FeO、CaO、MgO、P_2O_5、TiO_2、MnO、K_2O、Na_2O、H_2O、烧失量等项目的分析测定，分析方法包括重量法、滴定法、光度法及原子吸收法等。

2. 设计性实验。

四、综合性实验（技能实习）的完成形式

基本分析技能操作训练，撰写报告；提交实习报告和实习总结各 1 份。

五、成绩考核与评定方法

1. 技能实习成绩由指导老师根据实习情况（预习报告、实验操作）和实习报告给出每个实习项目的成绩，占 70%～80%。

2. 设计性实验：老师给出课题题目，学生根据课题要求查阅文献，设计实验方案，自己动手实验并提交课题实验报告，占 20%～30%。

3. 最后根据指导老师评分、操作考核进行综合评定。

六、要求

进行每一次实验之前，必须仔细阅读以下说明。

1. 分析试样的粒度，除特殊规定外，一般必须通过 160～200 目筛。

2. 对常量分析或易吸水的样品，一般在称样前须于 105～110℃烘干 2～3h，并在干燥器中冷却。

3. 分析所用的水，均指一次蒸馏水或通过离子交换的同等纯度的水。

4. 分析所用的试剂，除特殊注明外，均为“分析纯”规格。

5. 方法中的“空白实验”，是指与试样分析同时进行的实验，且与试样分析所采用的方法、操作步骤及试剂用量完全一样。

6. 重量法中的“恒重”，是指前后两次烘干或灼烧后称量差值在天平称量误差范围内。

7. 分光光度分析法在测定过程中，除注明以蒸馏水为参比外，一般是指用试剂空白溶液作为参比。

8. 样品分解时，若用镍坩埚，应先用水煮沸洗涤，必要时可滴加少量盐酸稍煮片刻，再用蒸馏水洗净，烘干备用；若用聚四氟乙烯坩埚，应先用稀硝酸浸泡、洗净、晾干后备用。

实验一　酸溶分析系统——酸分析法

一、实验原理

氢氟酸是分解硅酸盐试样唯一有效的溶剂，大多数硅酸盐矿物岩石均能被氢氟酸分解。氢氟酸与二氧化硅作用能生成挥发性化合物四氟化硅或氟硅酸，这是其能分解硅酸盐矿物和岩石的反应基础：

$$SiO_2 + 3H_2F_2 = H_2SiF_6 + 2H_2O$$

$$H_2SiF_6 = SiF_4\uparrow + H_2F_2\uparrow$$

用氢氟酸分解硅酸盐试样，一般多在硫酸或高氯酸存在下进行，硫酸、高氯酸吸水性强，在反应过程中可以防止四氟化硅的水解作用，使下列平衡向左移动：

$$3SiF_4 + 3H_2O = 2H_2SiF_6 + H_2SiO_3$$

此外，硫酸、高氯酸可使 Ti、Zr、Nb、Ta 等转化为硫酸盐或高氯酸盐，以防止其生成氟化物部分挥发损失。用氢氟酸分解试样时，必须将过量的氢氟酸加热除去，以免过量的 F^- 与一些金属离子生成稳定的络离子（如 AlF_6^{3-}、TiF_6^{2-} 等）而影响这些离子的测定。一般加入高沸点的无机酸（H_2SO_4、$HClO_4$）加热蒸发以除去氢氟酸和破坏氟络合物。

用酸溶分解试样，除了 H^+ 外不引入其他阳离子，在一次称样中，可以同时测定包括 K^+、Na^+ 在内的 9 个组成成分。因此，此法适用于快速分析。

二、仪器与试剂

1. 仪器

聚四氟乙烯坩埚，电热板，电子天平。

2. 试剂

(1) HF：1.14g·mL^{-1}（27.4mol·L^{-1}，40%）。

(2) H_2SO_4 溶液：1+1。

(3) HNO_3：1.4g·L^{-1}（14.4～15.3mol·L^{-1}，65%～68%）。

(4) HCl：1.18g·L^{-1}（11.7～12.4mol·L^{-1}，36%～38%）。

三、实验步骤

准确称取 0.2500g 试样于聚四氟乙烯坩埚中，用水润湿，加入（1+1）H_2SO_4 10

滴，加 HNO_3 5mL，加入 HF 10mL，摇匀，于电热板加热近干，加热使白烟冒尽，取下。冷却，加入 HCl 5mL，蒸馏水 10～20mL，置于电热板上微热溶解盐类，取下冷却后全部转入 250mL 容量瓶中，用水稀释至刻度，摇匀，作测定 Fe^{3+}、Al^{3+}、Mn^{2+}、Ti(Ⅳ)、P(Ⅴ)、Ca^{2+}、Mg^{2+}、K^{+}和 Na^{+}之用。

四、注意事项

1. 用 HF-$HClO_4$ 分解样品时，为了去除残留的 F^{-}，一定要蒸发至冒尽白烟。不然，溶液中残留的 F^{-}将严重影响 Al^{3+}的测定。但也要注意切勿将溶液蒸焦，否则高氯酸盐将不能完全溶解。

2. 分解试样时加入 HNO_3 可以消解矿样中的有机物和还原性物质，以免影响系统分析的测定结果。

3. 用本法制备的样品溶液可以测定除 Si 以外的 9 个元素，从而加快了分析速度。

五、思考题

1. 一次溶样可测定哪些项目？FeO 能否用此溶液测定？
2. 酸溶分析系统溶液的酸度是多少？介质是什么？
3. 若溶样时过量的 H_2F_2 未除净，将主要对哪些项目测定造成干扰或影响？

实验二 二氧化硅的测定——动物胶凝聚重量法

一、基本原理

动物胶是一种富含氨基酸的蛋白质，在水中能形成胶体溶液，属于亲水性胶体，其质点在酸性溶液中（pH<4.7），由于吸附 H^+ 而带正电荷，呈如下反应：

$$R\begin{matrix} \diagup NH_2 \\ \diagdown COOH \end{matrix} + H^+ = R\begin{matrix} \diagup NH_3^+ \\ \diagdown COOH \end{matrix}$$

硅酸质点在溶液中带负电荷（$nSiO_3^{2-}$），在强酸性溶液中，当温度在70～80℃时，动物胶质点与硅酸质点相互吸引，彼此中和电荷，使硅胶凝聚析出沉淀。

用动物胶凝聚硅酸时，其完全程度与凝聚时的酸度、温度以及动物胶用量有密切的关系，一般来说，凝聚作用在浓酸溶液中（酸度≥8mol·L^{-1}）为宜，凝聚温度应该控制在60～70℃，动物胶用量以25～100mg为宜。

二、仪器与试剂

1. 仪器

镍坩埚，电热板，马弗炉，电子天平。

2. 试剂

（1）NaOH固体（AR）。

（2）动物胶溶液10g·L^{-1}：将1g动物胶在搅拌下溶解于100mL沸水中。现用现配。

（3）HCl：1.18g·mL^{-1}（11.7～12.4mol·L^{-1}，36%～38%）。

三、实验步骤

准确称取0.2500g试样于镍坩埚中，用数滴无水乙醇润湿，加粒状NaOH 4～6g，置于电炉上低温逐去水分后，放入冷的低温马弗炉中，逐渐升温至650℃，保温20min，取出稍冷，擦干净坩埚底部（用定量滤纸），夹坩埚于250mL干烧杯中，加入沸水至坩埚三分之二处，并立即盖上表面皿，待内溶物全部浸下后，用热水洗出坩埚和表面皿（控制体积<50mL）。加HCl 25mL，搅匀，置于电热板上徐徐蒸发至湿盐状（边蒸发边挤压沉淀），取下冷却，用玻璃棒压碎盐类，加入HCl 20mL，搅拌均匀（或加热微沸1min）。将烧杯置于70℃的电热板（或水溶液中）保温10min，加入新配制的10g·L^{-1}动物胶溶

液 10mL。充分搅拌 1min，于电热板上保温 10min，取下，加入热水 20mL，搅拌使盐类溶解，用中速定量滤纸过滤（倾泻法），滤液收集于 500mL 烧杯中，再用热的 2%的 HCl 溶液洗涤烧杯和沉淀各数次（约 3～5 次，洗去沉淀中的 Fe^{3+}、Al^{3+}、Ti^{4+} 等金属盐），直至滤纸无 $FeCl_3$ 黄色为止，然后用玻璃棒橡皮头擦洗杯壁，烧杯和玻璃棒用 2%HCl 洗液冲洗入漏斗中；再用热水洗涤沉淀 8～10 次，直至无 Cl^-（用 $AgNO_3$ 检验），将滤纸连同沉淀一起转入已恒重的瓷坩埚中，沉淀放入马弗炉中低温灰化后，于 900℃ 灼烧 40min，取出，稍冷，放入干燥器中冷却 30min，称重，再灼烧至恒重为止。

四、注意事项

1. 动物胶凝聚法简便快捷，但凝聚不完全，对含量很高（≥80%）SiO_2 分析较严格，要在滤液中测定剩余的硅酸加以校正。

2. NaOH 熔融分解样品时，NaOH 在加热的过程中易排出水分，有跳溅现象，因此熔融开始温度要低，待停止排出水分后再升温继续熔融，镍坩埚熔样尽可能不超过 600℃，以避免大量镍进入溶液及减少坩埚腐蚀。碱性熔剂侵蚀玻璃，用水提取熔块时，操作要迅速，从洗出坩埚到酸化时间不要太长，否则将导致硅的分析结果偏高。

3. 用坩埚-NaOH 分解样品，会有部分 Ag^+ 被侵蚀转入溶液，当 Cl^- 浓度足够时，生成的 $AgCl_2^-$ 络离子留于溶液中，Cl^- 浓度不够大时生成 AgCl 沉淀，因此，过滤时应该先以较浓的 HCl 洗涤，将 Ag^+ 洗去以免生成 AgCl 沉淀混入 SiO_2 沉淀中，使分析结果偏高。

4. 蒸干 SiO_2 溶液时，不可蒸得太快，否则 Al^{3+}、Ti^{4+}、Fe^{3+} 等元素夹杂在硅酸沉淀中，不易洗去，影响分析结果。

5. 本法除须认真掌握凝聚条件外，还须注意使盐类完全溶解和避免已凝聚好的硅酸复溶，溶盐时总体积过大或溶盐后长时间放置再过滤，都会由于硅酸的复溶使结果偏低。

6. 沉淀灼烧时应完全炭化、灰化后再进行高温灼烧，否则碳素被沉淀包住，沉淀不易烧白，以至影响结果。炭化时不可着火，否则沉淀随气流逸去使结果偏低。

7. 灼烧后的 SiO_2 吸湿性很强，冷却后需迅速称重。

8. 动物胶脱水所得的沉淀，通常含有一定量的杂质，对于普通分析，可以直接在坩埚中灼烧称重。若过滤时发现粉状的白色沉淀或样品中含有 Sr、Ba 及大量的碳酸盐等，沉淀必须用 HF 处理：将盛有 SiO_2 沉淀的滤纸放在铂坩埚中烘干，灰化，于 950～1000℃灼烧 1～1.5h，于干燥器中冷却，称重。加入 H_2SO_4(1+1) 5～6 滴，HF 5～10mL，加热蒸发至冒尽 SO_3 白烟，将铂坩埚在 900～1000℃灼烧 20min，置于干燥器中冷却，称重，按处理前后两次质量之差，计算 SiO_2 的含量。如处理后残渣较多，应加焦硫酸钾或碳酸钠 1～2g 熔融，用 HCl 浸取，浸取液合并于主液中，备做其他项目的测定。

五、方法关键

1. 正确掌握蒸至湿盐状（砂粒状）。

2. 正确掌握硅酸的凝聚条件：酸度、温度和动物胶用量。

六、思考题

1. 熔样时滴入无水乙醇的作用是什么？

2. 熔样时加入 NaOH 后，为什么先要在电路上加热一段时间后，才能转入马弗炉中进行熔融？

3. 水提取熔块后，试液呈酸性还是碱性？为什么此操作步骤要迅速？

4. 加入动物胶之前为什么要将溶液蒸至湿盐状？加入动物胶后，为什么搅拌完了还要保温放置 10min？

5. 动物胶为什么可以作为硅酸胶体的凝聚剂？

6. 灼烧沉淀前，常把沉淀和坩埚置于电炉上加热一定时间，其目的是什么？可以直接放入高温马弗炉中灼烧吗？

7. 洗涤沉淀时，用热的 2% HCl 洗涤的目的是什么？用热水洗涤的目的是什么？两种洗涤效果如何检验？

8. 分析本次实验结果偏高或偏低的主要原因。

实验三 三氧化二铁的测定——磺基水杨酸光度法

一、实验原理

在 pH=11 的氨性溶液中，Fe^{3+}与磺基水杨酸生成黄色的络合物 $[Fe(Sal)_3]^{3-}$，此络合物颜色稳定，颜色强度与 Fe 含量成正比，借以进行比色测铁，其显色反应为：

$$Fe^{3+} + 3\left[HO_3S\text{—}C_6H_3(O^-)(COO^-)\right]^{2-} \longrightarrow Fe\left[HO_3S\text{—}C_6H_3(O^-)(COO^-)\right]_3^{3-}$$

黄色络合物最大吸收波长为 420nm，摩尔吸光系数为 $\varepsilon_{420}=5600L\cdot mol^{-1}\cdot cm^{-1}$。

二、仪器与试剂

1. 仪器

分光光度计。

2. 试剂

（1）铁标准溶液：$100\mu g\cdot mL^{-1}$ Fe_2O_3，准确称取 0.8634g 的 $NH_4Fe(SO_4)_2\cdot 12H_2O$，置于烧杯中，加入 20mL 1∶1 HCl 和少量水，溶解后，定量转移至 1000mL 容量瓶中，以水稀释至刻度，摇匀。

（2）磺基水杨酸溶液：$100g\cdot L^{-1}$。

（3）氨水：1+1。

三、实验步骤

吸取酸溶系统分析液 5mL（或 2mL）于 50mL 容量瓶中，加 $100g\cdot L^{-1}$磺基水杨酸溶液 8mL，用氨水（1+1）中和至黄色并过量 2mL，用水稀释至刻度，摇匀，在分光光度计上用 1cm 比色皿于 420nm 处测量吸光度。

标准曲线的绘制：取 $100\mu g\cdot mL^{-1}$ Fe_2O_3 标准溶液 0mL、0.5mL、1.0mL、1.5mL、2.0mL、2.5mL 分别置于 6 个 50mL 容量瓶中，加水 10mL，$100g\cdot L^{-1}$磺基水杨酸溶液 8mL，用氨水（1+1）中和至溶液呈黄色并过量 2mL，用水稀释至刻度，摇匀，以试剂空白为参比，于波长 420nm 处测量各显色溶液的吸光度，并绘制标准曲线。

四、注意事项

1. 在碱性溶液中，Fe(Ⅱ）很容易被空气中的氧所氧化，因此，本法所测定的铁量是样品中的总铁量（TFe_2O_3）。如样品分析项目中有 FeO 测定，应按下式校正 $Fe_2O_3\%$ 结果：

$$Fe_2O_3\% = TFe_2O\% - FeO\% \times 1.1113$$

2. 在不同的 pH 值，磺基水杨酸与 Fe^{3+} 生成不同组成和不同颜色的几种络合物：

pH 为1.8～2.5 时，紫色$[Fe(Sal)]^{+}$

pH 为4.0～8.0 时，紫褐色$[Fe(Sal)_2]^{-}$

pH 为8.0～11.5 时，黄色$[Fe(Sal)_3]^{3-}$

当 pH>12 时，络合物被破坏，形成沉淀，故显色时用氨水中和应该小心，以免造成较大的误差。

3. Cu、Co、Ni、Cr、U 和某些 Pt 族元素，在中性或氨性溶液中与磺基水杨酸生成有色络合物而影响测定，若样品中含这些元素应预先分离。Mg、Al、稀土元素和 Be 与磺基水杨酸生成可溶性无色络合物，消耗试剂，使 Fe^{3+} 显色不充分，故应使用过量试剂，一般在加入氨水后，溶液不出现浑浊（即无氢氧化物沉淀），即可认为显色剂已足够。而磷酸盐、氟化物、氯化物、硫酸盐、硝酸盐在强氨性溶液中均不干扰测定。

五、思考题

1. 本次实验所测结果是样品中的 Fe_2O_3 吗？为什么？

2. 本法的显色酸度是多少？实验中是如何控制的？

实验四 三氧化二铝的测定——KF置换-EDTA滴定法

一、基本原理

在待测的试液中加入过量的EDTA(Y^{4-})与Al^{3+}络合，以二甲酚橙为指示剂，用锌盐标准溶液滴定过量的Y^{4-}，再加入KF以置换AlY^{4-}络合物中的Y^{4-}，然后用锌盐标准溶液滴定释放出来的Y^{4-}，从而求得铝含量，主要反应式如下：

$$Al^{3+} + H_2Y^{2-} = AlY^{-} + 2H^{+}$$

$$AlY^{-} + 6F^{-} = AlF_6^{3-} + Y^{4-}$$

$$\underset{(黄色)}{Zn^{2+} + HIn} = \underset{(玫瑰红)}{ZnIn^{+}} + H^{+}$$

Ti(Ⅳ)与Al^{3+}有相同的反应。故测定结果一般为Al、Ti含量。在酸度为pH=6.2左右，EDTA与Al^{3+}定量络合，此络合反应较慢，通常加热煮沸以使反应加快并完全。

二、仪器与试剂

1. 仪器

电热板。

2. 试剂

(1) KF溶液：$200g \cdot L^{-1}$。

(2) 氨水：1+1。

(3) 醋酸-醋酸铵缓冲溶液：pH=6。称取醋酸铵(CH_3COONH_4) 300g溶于500mL水中，加入冰醋酸12.3mL，用水稀释至1000mL，摇匀（或1000mL水中含有60g醋酸铵和2mL冰醋酸）。

(4) 氧化锌标准溶液：$0.01mol \cdot L^{-1}$。称取经160～170℃干燥2h的基准氧化锌0.8138g于300mL烧杯中，水润湿，加入盐酸(1+1) 2mL，缓慢加热溶解，并蒸发至3～5mL，冷却，移入1000mL容量瓶中，用氨水(1+1)中和至甲基橙变黄，再用盐酸(1+1)中和至变红，用水稀释至刻度，摇匀。

醋酸锌标准溶液：$0.015mol \cdot L^{-1}$。称取3.3g含水醋酸锌[$Zn(CH_3COO)_2 \cdot 2H_2O$]，置于150mL烧杯中，加入醋酸1～2滴，用水溶解后，滤入1000mL容量瓶中，用水稀释至刻度，摇匀，待标。

醋酸锌标准溶液的标定：吸取$0.01mol \cdot L^{-1}$ EDTA标准溶液20mL，置于250mL烧杯中，加入 $1g \cdot L^{-1}$ 二甲酚橙指示剂 1 滴，滴加 20% 氨水至溶液变为紫色，再用 2% HCl 中和至黄色，加入 pH=6 的醋酸-醋酸铵缓冲溶液 5mL，用醋酸锌溶液慢慢滴定至微紫色为终点。

$$c_{Zn^{2+}} = c_Y V_Y / V_{Zn^{2+}}$$

（5）EDTA 标准溶液：$0.01 mol \cdot L^{-1}$（待标）。称取 EDTA 二钠盐 3.75g 溶于 1000mL 水中，摇匀备用。

EDTA 标准溶液的标定：吸取 $0.01mol \cdot L^{-1}$ 氧化锌标准溶液 20mL 于 250mL 锥形瓶中，加入 pH=10 的缓冲液 10mL，以铬黑 T 为指示剂，用新配制的 EDTA 溶液滴定至纯蓝色即为终点，按下式计算 EDTA 标准溶液的浓度：

$$c_Y = c_{Zn^{2+}} V_{Zn^{2+}} / V_Y$$

（6）二甲酚橙指示剂：$1g \cdot L^{-1}$，现用现配。

三、实验步骤

吸取酸溶系统分析液 20mL 于 250mL 的锥形瓶中，加入 $0.01mol \cdot L^{-1}$ EDTA 标准溶液 20mL（或 $10g \cdot L^{-1}$ EDTA 10mL），在电热板上加热煮沸 3～4min，取下冷却（流水冷却）后，加入 3 滴二甲酚橙指示剂（或加入少许刚果红试纸，此时，刚果红试纸变为蓝色），加氨水（1+1）中和至溶液由黄色刚变为紫红色（刚果红试纸变为红色。如果加入二甲酚橙后，溶液即呈紫色，说明 EDTA 的加入量不够，应补加过量的 EDTA）。加入 pH=6 的缓冲溶液 10mL（溶液显橙黄色），加热煮沸 3min，取下，流水冷却，补加二甲酚橙指示剂 2 滴，用氧化锌标准溶液（或醋酸锌标准溶液）滴定至溶液刚变为红紫色，此读数不计。再加入 $200g \cdot L^{-1}$ KF 溶液 5mL，摇匀后于电热板上加热煮沸 3min，取下冷至室温。补加二甲酚橙指示剂 1 滴，用氧化锌（或醋酸锌）标准溶液滴定至红紫色即为终点。记下读数，此结果为 Al、Ti 合量，减去 Ti 量后得 Al 量：

$$Al_2O_3\% = (c_Y V_Y \times 0.05098 / m_s) \times 100 - TiO_2\% \times 0.6318$$

式中　c_Y——氧化锌标准溶液的摩尔浓度，$mol \cdot L^{-1}$；

V_Y——第二次滴定时消耗氧化锌标准溶液的毫升数，mL；

m_s——分取试样质量，g；

0.6318——钛对氧化铝的换算因数。

四、注意事项

1. Al^{3+} 与 EDTA 络合，在室温下反应缓慢，因此，在用氨水中和前应将溶液加热，中和反应后应煮沸 3min 以上，否则络合不完全。

2. 加入 KF 后，应煮沸 5min 以上，否则 EDTA 释放不完全，使分析结果偏低。

3. Al^{3+} 对二甲酚橙有封闭作用，使其缓慢生成稳定的橙红色络合物。采用 KF 置换

EDTA 滴定法可以消除 Al^{3+} 的封闭作用。二甲酚橙水溶液放置时间过长，颜色变浅且反应不敏锐，故应现用现配。

4. 溶液中含 1mg 以上的 Mn^{2+}、5mg 以上的 Ca^{2+}，终点不稳定，应预先用氨水趁热分离除去。

5. 此法中“冷却”均指流水冷却（或冷水浴中冷却）。

五、思考题

1. 本实验为什么要采用置换滴定法？直接用 EDTA 滴定行不行？为什么？
2. 实验中三次加热煮沸的目的各是什么？
3. 加热煮沸后的“冷却”均采用流水冷却，放置冷却行不行？为什么？
4. EDTA 与 Al^{3+} 反应的最佳酸度为多少？实验中是如何控制的？
5. 用 Zn^{2+} 盐标准溶液滴定时，为什么第一次读数不计，而只记第二次滴定的读数？
6. 此方法为什么测量的是 Al、Ti 合量而不是 Al 含量？

实验五　氧化钙、氧化镁的测定——AAS 法

一、实验原理

原子吸收分析测量峰值吸收，因此需要能发射出共振散射的锐线光作为光源，待测元素的空心阴极灯能满足这一要求。例如测镁时，镁元素空心阴极灯能发射出镁元素的各种波长的特征谱线的锐线光（通常选用其中的 Mg 285.21nm 共振线）。特征谱线被吸收的程度可用朗伯-比耳定律表示：

$$A=\lg\frac{I_0}{I}=abN_0$$

式中，A 为吸光度；a 为吸收系数；b 为吸收层厚度，在实验中为一定值；N_0为待测元素的基态原子数（实验条件下待测原子蒸气中的基态原子的分布占绝对优势，可用N_0代表吸收层中的原子总数）。当试液原子化效率一定时，N_0与试液中待测元素的浓度 c 成正比：

$$A=K'c$$

式中，K'在一定实验条件下是一常数，因此吸光度与浓度成正比，可进行定量分析。

标准曲线法是原子吸收光谱分析中常用的方法之一，配制已知浓度的标准溶液系列，在一定的仪器条件下，依次测出它们的吸光度，以加入的标准溶液的浓度为横坐标，相应的吸光度为纵坐标，绘制标准曲线。

样品经酸溶解后，加入 $SrCl_2$ 溶液作为释放剂，消除样品中 Al^{3+}、Ti^{4+}、SO_4^{2-}、SiO_3^{2-} 等的干扰。应用原子吸收光谱法，在与测量标准曲线吸光度相同的实验条件下测量其吸光度，根据样品溶液的吸光度在标准曲线上查出钙、镁的含量，方法简便，快速。如果待测样品中共存基体成分比较复杂，则应用标准加入法进行测定，以消除或减少基体效应带来的干扰。

二、仪器与试剂

1. 仪器

原子吸收分光光度计，钙、镁空心阴极灯，乙炔钢瓶，空气压缩机等。

2. 试剂

(1)（1+1）HCl。

(2) $SrCl_2$ 溶液：$100g\cdot L^{-1}$。

(3) CaO、MgO 的标准工作溶液：($50.0\mu g\cdot mL^{-1}$)，吸取 CaO(MgO) 的标准储备

溶液 1.00mg·mL^{-1} 5mL 于 500mL 容量瓶中，用去离子水定容，摇匀。

三、实验步骤

1. 标准系列溶液的配制

在 5 个 50mL 容量瓶中，分别加入 50.0μg·mL^{-1} CaO（MgO）的标准工作溶液 0.0mL、0.5mL、1.0mL、1.5mL、2.0mL 及（1＋1）HCl 0.5mL，加入 100g·L^{-1} $SrCl_2$ 溶液 5mL，用二次去离子水定容后摇匀。

2. 试样溶液的配制

分取制备试样 20mL 于 50mL 容量瓶中，加入（1＋1）HCl 0.5mL，加入 100g·L^{-1} $SrCl_2$ 溶液 5mL，用二次去离子水定容后摇匀。

3. 仪器的调节和测定

按仪器的使用方法调节好仪器，仪器工作条件：灯电流 3mA，燃烧器高度 7，乙炔流量 60L·h^{-1}。等待仪器工作正常后开始测定。

4. 吸光度的测定

在最佳工作条件下，仪器用空白溶液调零后从低浓度到高浓度测定标准工作曲线法的标准系列溶液的吸光度值，然后测定试液的吸光度值。

实验结束时，先吸喷去离子水，清洁燃烧器，然后关闭仪器。关仪器时，必须先关闭乙炔，再关闭空气，最后关电源。

四、注意事项

铝、钛等元素及磷酸盐、硅酸盐、硫酸盐等阴离子对钙测定的化学干扰可以通过加入释放剂 Sr（Ⅱ）消除。电离干扰可以通过加入 KCl 溶液消除。

五、思考题

1. 原子吸收光谱分析为何要用待测元素的空心阴极灯作为光源？能否用氢灯或钨灯代替，为什么？

2. 如何选择最佳的实验条件？

3. 从实验安全上考虑，在操作时应注意什么问题？为什么？

实验六　氧化锰的测定——高碘酸钾光度法

一、实验原理

在 H_2SO_4 及 H_3PO_4 介质中，经沸水浴加热，Mn(Ⅱ) 能被高碘酸钾氧化成 Mn(Ⅶ)，使溶液呈现 Mn(Ⅶ) 特有的紫红色，溶液吸光度与 Mn 含量成正比，借此可以进行 Mn 的光度法测定。其主要反应为：

$$2Mn^{2+} + 5IO_4^- + 3H_2O \longrightarrow \underset{(紫红色)}{2MnO_4^-} + 5IO_3^- + 6H^+$$

反应在 2～3.5$mol \cdot L^{-1}$ 的 H_2SO_4 介质中进行，紫红色化合物在波长 530nm 处有最大吸收，其摩尔吸光系数为 $\varepsilon_{530} = 2400 L \cdot mol^{-1} \cdot cm^{-1}$。

Cl^- 和溶液中其他还原性物质干扰测定，应预先除去。

二、仪器与试剂

1. 仪器

分光光度计。

2. 试剂

(1) H_3PO_4 溶液：1+1。

(2) 高碘酸钾 (KIO_4)：固体。

(3) 锰标准溶液：1$mg \cdot mL^{-1}$ MnO。称取 0.7745g 电解金属锰溶于 100mL 3% H_2SO_4 中，冷却，移入 1000mL 容量瓶中，用水稀释至刻度，摇匀。

(4) 锰工作液：50$\mu g \cdot mL^{-1}$ MnO。将上述标准溶液逐级稀释为 50$\mu g \cdot L^{-1}$ MnO 的工作液。

(5) H_2SO_4：1+1。

(6) HNO_3：1.4$g \cdot L^{-1}$ (14.4～15.3$mol \cdot L^{-1}$，65%～68%)。

三、实验步骤

吸取酸溶系统分析液 50mL 于 250mL 烧杯中，加 HNO_3 5mL，加入 H_2SO_4 (1+1) 5mL，置于电热板上蒸发至冒浓白烟 5min（白烟冒尽，以去除 Cl^-，此时溶液应为无色或微黄色），冷却，用水稀释至 30mL 左右，加入 H_3PO_4 (1+1) 5mL，摇匀，加热煮沸使盐类溶解，取下加入 KIO_3 约 0.3g，煮沸 5～10min（溶液呈红色 5min），待显色反应完全后再保温 10min，冷至室温，将溶液移入 50mL 容量瓶中，用水稀释至刻度，摇匀。用 3cm 比色皿在 530nm 处与标准系列同时比色测定。

标准曲线的绘制：分别移取 $50\mu g \cdot mL^{-1}$ MnO 标准溶液 0mL、1.0mL、2.0mL、3.0mL、4.0mL 分别置于 5 个 250mL 烧杯中，加水 30mL，加入 H_3PO_4（1＋1）5mL，加入 H_2SO_4（1＋1）5mL，加入 KIO_4 约 0.3g，煮沸 5～10min，待显色完全后再保温 10min，以试剂空白为参比，用 3cm 比色皿在 530nm 处测量各显色溶液的吸光度并绘制标准曲线。

四、注意事项

1. KIO_4 光度法测定 MnO 的反应进行缓慢，一般要将溶液煮沸并保温 20min，才能氧化完全。若锰含量低更难氧化。

2. 显色酸度为 $2\sim3.5mol \cdot L^{-1}$。酸度太小发色很慢，酸度过大显色不完全。在热溶液中于一定酸度下显色较快，一般可在沸水溶液中加热或电热板上煮沸，使显色完全。

3. 溶液中的还原物质（亚铁盐、硫化物、亚硝酸盐、卤化物、草酸盐等）均干扰测定，故应预先用 HNO_3、H_2SO_4 蒸发冒烟破坏或去除。第二次蒸发冒烟后，若溶液呈很深的棕黄色或黑色，则是有机物未完全被破坏之故，应重新补加适量 HNO_3，继续蒸发冒烟至溶液无色或微黄色为止。

4. H_3PO_4 是 Mn(Ⅶ) 的稳定剂，而且它与 Fe^{3+} 生成无色的 $Fe(HPO_4)^-$ 络离子去除 Fe^{3+} 的颜色，还可以阻止碘酸钾或高碘酸钾及二氧化锰的沉淀，从而保证 Mn(Ⅱ) 能顺利地氧化为 Mn（Ⅶ）。

5. 本身有颜色的金属离子如 Cu^{2+}、Co^{2+}、Ni^{2+}、Cr^{3+} 干扰测定。当它们干扰测定时，则可在铁离子存在下，用氨水和过硫酸铵使锰形成水合二氧化锰沉淀而与之分离。

6. 如用 SiO_2 滤液测定锰，亦可先在有 HCl 存在的条件下，先用 H_2O_2 比色法测定钛，然后将滤液倒入 250mL 烧杯中，加 HNO_3 5mL，蒸发至冒烟逐去 HCl 及破坏有机物，最后加高碘酸钾显色测定锰，这样可以节省试剂及提高效率。

五、思考题

1. 简述 KIO_4 光度法测定 MnO 的基本原理并写出有关的反应式。

2. 加入 KIO_4 前溶液为什么要加热至冒 SO_3 白烟？

3. 显色前加入 H_3PO_4 的作用是什么？

4. 此方法的干扰有哪些？如何消除各干扰？

实验七　五氧化二磷的测定——磷钼蓝光度法

一、实验原理

在酸性溶液中，磷酸与钼酸生成黄色的磷钼杂多酸，在酒石酸存在下用抗坏血酸（或$FeSO_4$）还原后生成可溶性的蓝色络合物磷钼酸，蓝色络合物在波长882nm处有最大吸收，其色强与磷的含量成正比，借以进行磷的光度测定。主要反应为：

$$H_3PO_4 + 12H_2MoO_4 = H_7[P(Mo_2O_7)_6] + 10H_2O$$

(黄色)

$$H_7P[(Mo_2O_7)_6] + 4FeSO_4 + 2H_2SO_4 = H_7\left[P\begin{matrix}(Mo_2O_6)_2\\(Mo_2O_7)_4\end{matrix}\right] + 2Fe_2(SO_4)_3 + 2H_2O$$

(蓝色)

蓝色络合物的摩尔吸光系数$\varepsilon_{830}=26800L\cdot mol^{-1}\cdot cm^{-1}$，通常选择在波长830nm处测定，显色酸度0.7mol为宜。

二、仪器与试剂

1. 仪器

分光光度计。

2. 试剂

（1）钼酸铵溶液：$40g\cdot L^{-1}$。称取钼酸铵4g于烧杯中，加水100mL，加热至50～60℃，使其溶解。

（2）抗坏血酸溶液：1%，现用现配。

（3）对硝基酚指示剂：$1g\cdot L^{-1}$乙醇溶液。

（4）磷标准溶液：$1mg\cdot mL^{-1}$ P_2O_5。准确称取于110℃干燥1h的基准试剂磷酸二氢钾（KH_2PO_4）1.9170g，用水溶解后转入1000mL容量瓶中，加无色HNO_3 5mL水稀释至刻度。

（5）磷工作液：$10\mu g\cdot mL^{-1}$ P_2O_5。将上述磷标准溶液逐级稀释配成$10\mu g\cdot mL^{-1}$ P_2O_5的工作液。

（6）H_2SO_4溶液：（1+3）。

（7）酒石酸溶液：10%。

三、实验步骤

吸取酸溶系统分析液10mL于50mL容量瓶中，加2滴0.1%对硝基酚指示剂，用氨水（1+1）中和至黄色，用H_2SO_4溶液（1+3）中和至无色，加入H_2SO_4（1+3）8mL，4%钼酸铵5mL，放沸水浴上保温20min，取下，趁热加入10g·L^{-1}抗坏血酸溶液5.0mL，摇匀放置20min显色。再加水稀释至刻度，以蒸馏水作为参比，用3cm比色皿在660nm处测各显色溶液的吸光度。

磷标准曲线的绘制：分别移取10μg·mL^{-1} P_2O_5标准溶液0mL、1.0mL、2.0mL、3.0mL、4.0mL、5.0mL于6个50mL容量瓶中，用水稀释至10mL左右，以下同样品分析手续比色并绘制标准曲线。

四、注意事项

1. 在酒石酸存在条件下，显色酸度0.5～0.7mol·L^{-1}范围内对显色无影响，酸度低于0.5mol·L^{-1}时，过量的钼酸铵还原而显蓝色使颜色强度增大，酸度大于0.7mol·L^{-1}时显色不完全。因此，加入H_2SO_4（1+1）及钼酸铵溶液力求准确，以使其显色酸度为0.7mol·L^{-1}。

2. 硅酸、砷酸能与钼酸形成类似的杂多酸，还原后也能生成蓝色络合物，干扰测定。分离SiO_2后的滤液中残留的硅酸量很小。酒石酸的存在除了可以阻止游离钼酸被还原外，同时可以消除Si的干扰。加入10%酒石酸4mL，则50mg的SiO_2不干扰。而砷酸在硅酸盐岩石中，一般不存在，可不予考虑。

3. Ti量在1mg以上时，会使测定结果偏低。一般硅酸盐岩石TiO_2含量均低于1%，故可不考虑其影响。常见元素Fe（少于15mg）、Al、Mn、Ga、Mg对测定无影响。

4. 煮沸可以促进溶液很快显色完全，如不经煮沸需放置24h才能显色完全，一般煮沸1～3min即显色完全。长时间煮沸，抗坏血酸会被破坏，使溶液为绿色影响测定。显色后最少可稳定24h，在此时间内对测定无影响。

5. 为了省去显色时的加热手续，一般可采用铋盐或锑盐催化在室温下显色。

五、思考题

1. 简述磷钼蓝光度法测定磷的基本原理。
2. 显色前用对硝基苯酚为指示剂调节溶液酸度的目的是什么？
3. 加入4%钼酸铵后，在水浴中加热20min的目的是什么？
4. 显色剂是什么？
5. 本实验选用什么试剂作为还原剂？还可采用哪些试剂作为还原剂使用？
6. 本法的主要干扰是什么？如何消除干扰？

7. 分析导致本次实验结果偏高或偏低的原因。

附：锑盐催化磷钼蓝光度法测定磷

（一）试剂

1. 酒石酸锑钾溶液：$1mg \cdot mL^{-1}$ Sb。取酒石酸锑钾 0.2740g 溶于水中，用水稀释至 100mL，摇匀。

2. 混合显色剂：于 50mL $5mol \cdot L^{-1}$ H_2SO_4 中，加入 $100g \cdot L^{-1}$ 钼酸铵溶液 10mL，$100g \cdot L^{-1}$ 酒石酸溶液 10mL，酒石酸锑钾溶液 4mL，抗坏血酸 1.0g，用水稀释至 100mL，摇匀。现用现配。

3. 磷标准溶液，配制方法见本实验仪器与试剂。

（二）分析步骤

取 SiO_2 滤液 25mL 于 250mL 烧杯中，加 H_2SO_4（1+1）0.5mL，HNO_3 2mL，加热蒸至冒白烟，冷却，加水 20～30mL，微热使盐类溶解，移入 100mL 容量瓶中，体积保持在 50～60mL，加入混合显色剂 16mL，用水稀释至刻度，摇匀。30min 后在波长 700～720nm 处测量吸光度。

标准曲线的绘制：分取含 0μg，5μg，10μg，15μg，20μg，30μg，…，100μg P_2O_5 标准溶液，分别置于数个 100mL 容量瓶中，加水稀释至 50～60mL，同样品分析手续显色比色并绘制工作曲线。

实验八 二氧化钛的测定——二安替比林甲烷光度法

一、实验原理

在酸性溶液中，二安替比林甲烷（DAPM）与 Ti 反应生成稳定的络合物：

$$Ti^{4+} + 3\,DAPM \longrightarrow [Ti(DAPM)_3]^{4+}\ (\text{黄色})$$

(DAPM)

此黄色络合物在波长 390nm 处有最大吸收，其摩尔吸光系数 $\varepsilon_{390} = 14700\ L \cdot mol^{-1} \cdot cm^{-1}$。

溶液中的 CrO_4^{2-}、VO_3^-、Ce^{4+} 等因本身有颜色，干扰测定，可加入抗坏血酸还原除去，实际工作中可在 450nm 波长进行测定。

二、仪器与试剂

1. 仪器

分光光度计。

2. 试剂

（1）抗坏血酸溶液：$10g \cdot L^{-1}$。

（2）二安替比林甲烷溶液：$10g \cdot L^{-1}$。称取 1g 二安替比林甲烷溶于 100mL $2mol \cdot L^{-1}$ HCl 溶液中，摇匀。

（3）TiO_2 标准溶液：$500\mu g \cdot mL^{-1}$ TiO_2。准确称取在 1000℃灼烧过的光谱纯 TiO_2 0.5g，置于铂坩埚（或光滑的瓷坩埚）中，加入焦硫酸钾 1g，在电炉上低温熔融后，再于 700℃熔融 20min（内熔物成均匀的红色流体后再熔融 3min），取出冷却，将坩埚放入 250mL 烧杯中，用 H_2SO_4 浸取后，再用 5% H_2SO_4 溶液将坩埚洗出，加热煮沸至溶液澄清，冷却，将溶液移入 100mL 容量瓶中，用水稀释至刻度，摇匀。

（4）TiO_2 工作液：$10\mu g \cdot mL^{-1}$ TiO_2。将上述标准溶液用 5% H_2SO_4 稀释 5 倍，即为 $10\mu g \cdot mL^{-1}$ TiO_2 的工作液。

三、实验步骤

取酸溶系统分析液 5mL 于 50mL 容量瓶中，加入 $10g \cdot L^{-1}$ 抗坏血酸溶液 5mL，摇匀，放置5min后，加入$10g \cdot L^{-1}$二安替比林甲烷溶液10mL，用水稀释至刻度，摇匀。45min后用3cm比色皿在450nm处以试剂空白为参比测量吸光度。

标准曲线的绘制：分别移取$10\mu g \cdot mL^{-1}$ TiO_2标准溶液0mL、1.0mL、2.0mL、3.0mL、4.0mL于5个50mL容量瓶中，同样品分析手续进行显色比色并绘制标准曲线。

四、注意事项

1. 二安替比林甲烷光度法测定Ti，其方法选择性较高，灵敏度较高，简便快速，重现性好，易于掌握。在本法所确定的条件下，适用于各种硅酸盐岩石及多金属矿石中$0.00x\%\sim x\%$范围TiO_2的测定。

2. 显色可在HCl或HAc介质中进行，而HNO_3及$HClO_4$介质不适宜。酸度范围较宽，为$0.5\sim 4mol \cdot L^{-1}$，其吸光度无明显变化，故调节酸度简便，一般在常温下黄色络合物显色45min后，颜色达最大强度，半月内稳定不变。

3. 抗坏血酸不仅能消除CrO_4^{2-}、VO_3^-、Ce^{4+}的颜色干扰，而且能有效掩蔽Fe^{3+}的干扰，在50mL溶液中，$10g \cdot L^{-1}$抗坏血酸1mL能掩蔽10mg Fe^{3+}使不干扰测定。强氧化剂氯酸钾、过硫酸铵、高氯酸等破坏显色剂，生成大量白色沉淀。Cl^-和H_2O_2能与Ti(Ⅳ)生成稳定的络合物，严重干扰测定，这些均不应存在。

五、思考题

1. 本实验的显色酸度是多少？
2. 实验中加入抗坏血酸的目的是什么？
3. 显色后放置一段时间测定或立即测定，对分析结果有无影响？

实验九 氧化亚铁的测定——$HF-H_2SO_4$ 分解-$K_2Cr_2O_7$ 滴定法

一、实验原理

试样用 $HF-H_2SO_4$ 加热分解，利用溶解时排出的酸蒸气防止分解溶出的 Fe(Ⅱ) 被空气中的 O_2 氧化。溶液中剩余的 F^- 加入饱和硼酸除去，以二苯胺磺酸钠为指示剂，用 $K_2Cr_2O_7$ 标准溶液滴定，主要反应为：

$$Cr_2O_7^{2-}+6Fe^{2+}+14H^+ = 2Cr^{3+}+6Fe^{3+}+7H_2O$$

二、仪器与试剂

1. 仪器

聚四氟乙烯坩埚，电热板，电子天平。

2. 试剂

(1) 硼酸饱和溶液：$40g \cdot L^{-1}$。用新鲜蒸馏水配制。

(2) 硫磷混合液：于 700mL 水中，小心加入 H_2SO_4 及 H_3PO_4 各 150mL，摇匀。

(3) 二苯胺磺酸钠指示剂：$5g \cdot L^{-1}$。

(4) $K_2Cr_2O_7$ 标准溶液：称取在 110℃ 干燥 2h 的 $K_2Cr_2O_7$ 0.6824g，加水溶解后，将溶液转入 1000mL 容量瓶中，用水稀释至刻度，摇匀。

(5) HF：$1.14g \cdot mL^{-1}$ ($27.4mol \cdot L^{-1}$，40%)。

(6) H_2SO_4 溶液：1+1。

三、实验步骤

称取未烘干的试样 0.1000～0.2000g 于 150mL 聚四氟乙烯烧杯中，加入已预热至近沸的 H_2SO_4 (1+1) 10mL，摇动使试样散干，盖上表面皿，置于电热板迅速加热至沸，将表面皿移开并加入 HF 5mL，继续加热微沸 2～5min，取下烧杯（试样已分解完毕，溶液清澈），将试样倾入预先盛有 100mL 煮沸并放冷的蒸馏水、硫磷混合液 10mL 及硼酸溶液 25mL 的 250mL 烧杯中，用水洗净塑料杯，加入 3～4 滴二苯磺酸钠指示剂，立即用 $K_2Cr_2O_7$ 标准溶液滴定至蓝紫色即为终点。

四、注意事项

1. 若矿样含有较多的碳酸盐矿石，加 H_2SO_4 (1+1) 时易发生喷溅现象，应注意沿杯壁缓慢加入。

2. 某些硅酸盐试样与氢氟酸作用很剧烈，故加 HF 时应特别小心，不能一次全部加入，以免溅出，一般可将烧杯取下，先滴入少量 HF，待剧烈作用停止后再一次倒入。

3. 加热时间及温度应注意控制，否则不能得到良好的分析效果。分解样品时，Fe(Ⅱ)被空气氧化的可能性很大，因此，加入热 H_2SO_4 后立即盖上表面皿，以免空气进入，加热时间不能间断。

4. 样品分解后应立即进行滴定，以免 Fe(Ⅱ) 被氧化。

5. 空白溶液无 Fe(Ⅱ) 存在，因此滴定缓慢，可于滴定时加入少量已滴定至终点的样品溶液，使滴定终点突跃敏锐。

五、方法关键

1. 严格控制分解的温度和时间。
2. 操作力求快速。

六、思考题

1. 本实验的方法关键是什么?
2. 实验中加入硫磷混酸和硼酸的目的各是什么?
3. 熔样时为什么不能在玻璃烧杯中进行?
4. 如何配制 $K_2Cr_2O_7$ 标准溶液?
5. 简述二苯胺磺酸钠指示剂的变色原理。

第三篇

创新性实验

为了进一步培养学生灵活运用所学分析化学基本理论和基本知识、解决分析化学实际问题的能力，本篇安排了若干复杂物质分析的实验及其分析方案设计，要求学生选做部分实验，达到能灵活地运用所学的基本理论、分析方法和基本操作技能，自行设计实验方案，独立地进行实验，并将实验结果予以验证。

在创新性实验中，充分发挥学生学习的主动性和创造性，在选定实验题目后，根据分析目的和要求，查阅有关参考资料，了解试样的大致组成、待测组分的性质和大致含量、干扰组分及大约存在量以及对分析结果准确度的要求，选择合适的分析方法，设计试验步骤。并在实验过程中进行试验、改进和完善。鼓励学生对实验条件进行探索性研究，例如试样的处理、反应的介质、酸度、温度、共存组分的干扰和消除、试剂的用量和指示剂的选择等，从而确定最优实验条件。在达到对试样测定准确度要求的前提下，以简便、经济为最佳方案。

在创新性实验中，主要考虑以下几点。

一、正确选择分析方法

选择分析方法是个复杂的问题。在明确分析目的、要求后，需要查阅资料，选择分析方法。从待测组分的含量来看，测定常量组分，一般宜采用滴定分析法或重量分析法，在两者均可采用的情况下，通常采用滴定分析法；测定微量组分，多采用分光光度法或其他仪器分析法。从待测组分的性质来看，对于酸碱物质或经过化学反应其产物为酸碱物质的，则采用酸碱滴定法；对于大部分金属离子，可采用络合滴定法；对于某些具有多种价态的元素，可选用氧化还原滴定法。此外，在各类滴定分析法中，还应考虑采用何种滴定方式，如络合滴定法测定铝时，对于较简单的试样，采用返滴定方式即可，而对于复杂试样，则需将返滴定与置换滴定结合起来进行测定。从试样组成来看，要考虑共存组分的干扰和消除。

二、分析方案的拟定

通过查阅货料，可以找到若干分析方法。各种方法均有其特点和不足之处，即使是比较成然的分析方法，当用来测定某个具体试样时，也常常需要根据实际情况做些修改。必须根据试样的组成，被测组分的性质和含量、测定的要求，存在的干扰成分及本实验室的具体条件，选择和拟定合适的测定方法。在拟定分析方案时，下述几点值得注意。

（1）分解试样的方法，有水溶、酸溶和熔融等方法，应根据试样的对象和分析方法来选择溶剂。

在基础分析化学的综合设计中，一般不考虑用熔融法溶解试样。首先确定试样可以溶于下述溶剂的哪一种，必要时可加热。

水、$4mol\cdot L^{-1}$ HCl、$4mol\cdot L^{-1}$ HNO_3、浓 HCl 溶液、浓 HNO_3 和王水等。

无机盐类，可用水溶解，但应注意离子的水解和生成碱式盐沉淀等问题（如 BiOCl、SbOCl）。

稀 HCl 溶液、稀 HNO_3 能溶解很多试样。当有与稀酸难于反应的物质时，可用浓酸溶解。用 HNO_3 溶解时，HNO_3 具有氧化性，应注意许多可变价离子的变价可能性。许多矿样，往往需要用熔融法才能将其溶解完全。

（2）未知成分的试样，应用定性分析方法进行鉴定，定性分析方法主要有硫化氢系统分析和发射光谱两种。

（3）测定常量组分，一般选用滴定分析法和重量分析法；测定微量组分，一般采用灵敏度高的仪器分析法，例如吸光光度法。

（4）取样量应与测定准确度的要求相适应。滴定剂的浓度和被滴物取样量：酸碱滴定、氧化还原滴定和沉淀滴定，可按 0.1mol·L^{-1}浓度来设计和取量，而络合滴定，则以 0.01～0.02mol·L^{-1}浓度考虑取量。

分析方案应包括以下几点。

① 分析方法及原理；

② 所需试剂和仪器；

③ 实验步骤；

④ 实验结果的计算式；

⑤ 实验中应注意的事项；

⑥ 参考文献。

三、分析工作及实验报告的整理

切实按所拟定的实验方案认真细致地进行实验，做好实验数据的记录，在实验过程中，不断改进和完善。实验结束后，根据实验记录进行整理，及时认真地写出实验报告。报告格式与通常的实验报告基本相同，在实验报告中应对所设计的实验方案和实验结果进行评价，并对实验中的现象和问题进行讨论。

其中除分析方案的内容外，还应包括下列内容。

① 实验原始数据；

② 处理实验结果；

③ 如果实际做法与分析方案不一致，应重新写明操作步骤，改动不多的可以加以说明；

④ 对自己设计的方案评价及问题的讨论。

不论设计实验的成败如何，从查阅文献资料，设计初步分析方法，到完成实验，写出报告，这个过程本身就是很好的学习和锻炼机会。

附：创新性实验参考题目

（1）NH_3-NH_4Cl 混合液中，各组分浓度的测定

（2）HCl-NH_4Cl 混合液中，各组分浓度的测定

（3）Na_2HPO_4-NaH_2PO_4 混合液中，各组分浓度的测定

（4）HCl-H_3BO_3 混合液中，各组分浓度的测定

（5）福尔马林中甲醛含量的测定

（6）Mg^{2+}-EDTA 溶液中各组分浓度的测定

（7）Al^{3+}-Fe^{3+} 溶液中各组分浓度的测定

（8）石灰石或白云石中 CaO 和 MgO 含量的测定

（9）胃舒平中 Al_2O_3 和 MgO 含量的测定

（10）Cu^{2+}-Zn^{2+} 溶液中各组分浓度的测定

（11）漂白粉中有效氯含量的测定

（12）维生素 C 药片中抗坏血酸含量的测定

（13）铜合金中 Cu 含量的测定

（14）铁矿石中 Fe_2O_3 和 FeO 含量的测定

（15）碘量法测定 Cu^{2+}-Fe^{3+} 溶液中 Cu 浓度

（16）HCl-NaCl-$MgCl_2$ 溶液中各组分浓度的测定

（17）含 NaCl 杂质的 $FeCl_3$ 试样中 Fe^{3+}、Cl^- 含量的测定

（18）硅酸盐水泥中 Fe_2O_3、Al_2O_3、CaO、MgO 含量的测定

实验一　金纳米-DNA复合体系比色鉴别重金属离子

一、实验目的

1. 学习金纳米（AuNPs）的合成方法。
2. 了解AuNPs的表征方法。
3. 学习DNA的处理方法。
4. 熟悉比色方法的原理，了解电位图像分析仪的使用。

二、实验原理

1. 合成AuNPs

氯金酸（$HAuCl_4$）被还原剂还原，可生成纳米尺寸的金单质，称之为金纳米颗粒（AuNPs）。合成的AuNPs尺寸与加入还原剂的种类和量有关。本实验以柠檬酸三钠作为还原剂，按摩尔比（$HAuCl_4$：$Na_3C_6H_5O_7$）约1：4的比例反应，得到AuNPs的尺寸约20～30nm。

2. DNA-AuNPs

本实验合成的AuNPs表面带有负电荷，相互之间因电荷排斥，可以在溶液中游离分散存在。当溶液中加入高浓度的盐时，AuNPs表面的电荷排斥被破坏，发生聚集。而当AuNPs表面加入DNA保护时，DNA所带的负电荷可以保护AuNPs，在一定的盐浓度条件下，使其仍然处于游离状态。当盐浓度过高时，DNA-AuNPs也会发生聚集。

3. 金属离子的鉴别

金属离子与不同序列的DNA之间有一定相互作用。加入金属离子时，DNA-AuNPs的DNA与金属离子发生作用，对AuNPs的保护作用降低，发生聚集。当DNA序列不同时，聚集程度也不同，溶液颜色及紫外吸收都不同。用3条不同的DNA保护AuNPs，每一种金属离子会引发3种不同的聚集现象，以此对不同的金属离子进行鉴别。

三、仪器与试剂

1. 仪器

酸度计，电子天平，试剂瓶，锥形瓶，烧杯，量筒，洗瓶，玻璃棒，电加热套，紫外-可见分光光度计，电位图像分析仪等。

2．试剂

氯化钠，浓 HCl，浓硝酸，$1mmol \cdot L^{-1}$氯金酸（$HAuCl_4 \cdot 4H_2O$，AR），$38.8mmol \cdot L^{-1}$柠檬酸三钠（$C_6H_5Na_3O_7 \cdot 2H_2O$，AR），磷酸缓冲溶液（pH＝7.4），$120mmol \cdot L^{-1}$ NaCl 溶液，一系列金属离子溶液（铅、汞、铜、镉、铋、铬、锰、镍、钴等）；DNA（15T、30T、45T）。

四、实验步骤

1．玻璃器皿的清洗

取 5mL 浓硝酸与 15mL 浓盐酸混合，于 100mL 烧杯中配制王水①。将所使用的圆底烧瓶、搅拌子、烧杯等以王水浸泡约 10min，再将王水倒入回收烧杯中，以大量自来水将器皿冲洗干净，最后以二次水清洗 3 次。王水必须完全冲洗干净，以免残余王水影响后续制备反应。

2．AuNPs 的合成

在 250mL 圆底烧瓶中加入 100mL 浓度为 $1mmol \cdot L^{-1}$的 $HAuCl_4$ 溶液，将其置于磁力搅拌电热套上加热至沸腾，在搅拌状态下快速加入 10mL $38.8mmol \cdot L^{-1}$柠檬酸三钠溶液，连续搅拌并加热 15min，停止加热，继续搅拌 10min。此时可观察到淡黄色的氯金酸水溶液在柠檬酸三钠加入后迅速地变灰色，继而转成紫黑色，随后逐渐稳定成酒红色。冷却至室温后转移至容量瓶，保存于 4℃冰箱中。

以紫外-可见分光光度计对合成的 AuNPs 溶液于 200～800nm 范围内扫描，得到特征吸收峰（515～525nm），记录吸收峰的吸光度值 $A_{游离}$。（如需确定所合成的 AuNPs 粒径，建议用电位图像分析仪）。

3．DNA-AuNPs 的制备

所有使用的 DNA 粉末均经过离心机以 8000rpm 离心 6min 后加入二次水稀释至 $50\mu mol \cdot L^{-1}$，稀释后的 DNA 存放于－20℃冰箱中，使用前取出恢复至室温后，再用 pH＝7.4 的 $20mmol \cdot L^{-1}$磷酸缓冲溶液稀释至 $1\mu mol \cdot L^{-1}$。在 DNA-AuNPs 制备之前，首先需要对 DNA 链进行如下处理：$1\mu mol \cdot L^{-1}$ DNA 加热至 95℃并恒温 5min，然后逐渐冷却至室温。

将 $90\mu L$ $1\mu mol \cdot L^{-1}$处理过的 DNA 与 $600\mu L$ AuNPs 混合，静置反应 12h 后使用。

4．金属离子的鉴别

将 $90\mu L$ 一定浓度的金属离子溶液加入 $630\mu L$ DNA-AuNPs 溶液中。然后将混合物在 37℃下保持 30min 以促进 DNA-AuNPs 与金属离子的结合。最后，向上述混合物中加入 $180\mu L$ $120mmol \cdot L^{-1}$ NaCl 溶液。最后通过紫外-可见分光光度法获得比色响应的信号，记录吸收峰的吸光度值 $A_{聚集}$，并对溶液进行拍照。

五、数据记录与处理

以每种金属离子对应的3种溶液的吸光度值$A_{聚集}/A_{游离}$（在实验中625nm代表聚集状态时对应的吸收峰位置）为纵坐标，金属离子种类为横坐标作柱状图，分析结果。

对每种金属离子对应的3种溶液照片进行整理，分析结果。

六、注释

① 王水因具强腐蚀性及刺激性臭味，使用时需穿戴乳胶手套并在通风橱中进行。王水用后回收，最后清洗器具使用。

七、思考题

1. 为什么所有使用的玻璃器皿要用王水浸泡清洗？
2. DNA在使用前进行处理的目的是什么？
3. DNA-AuNPs对金属离子的鉴别原理是什么？

实验二 碳糊电极的制备及对鸟嘌呤的检测

一、实验目的

1. 学会碳糊电极的制备方法。
2. 熟悉电化学工作站及差分脉冲伏安法（DPV）的应用。
3. 学习对鸟嘌呤检测的方法。

二、实验原理

1. 碳糊电极

与玻碳电极类似，碳糊电极也是一种碳材料电极。按一定比例将碳材料与黏结剂混合后置于研钵中研磨均匀，制成糊状，并将此填入中空管中并紧密压实，然后将导线接入管腔而制得。碳糊电极具有电位范围宽、重现性好、制备简单、表面易于更新、价格低廉等优点。制备碳糊电极使用的碳材料很多，例如石墨粉、碳纤维、碳纳米管、石墨烯等。黏结剂包括硅油、石蜡、离子液体等。本实验所用的碳材料为石墨粉，黏结剂为硅油。

2. DPV 检测鸟嘌呤

鸟嘌呤是组成 DNA 的四种碱基中的一种，是非常重要的生物小分子。鸟嘌呤在一定电位下可被氧化，产生电信号，因此可用 DPV 进行检测。

三、仪器与试剂

1. 仪器

电化学工作站（CHI660E），Ag-AgCl 参比电极，铂丝对电极，3mm 电极管，分析天平，pH 计，容量瓶，移液管，试剂瓶，锥形瓶，烧杯，量筒，洗瓶，玻璃棒，滴管，洗耳球等。

2. 试剂

鸟嘌呤（s，AR），石墨粉（光谱纯），硅油，NaOH（s，AR），冰醋酸，醋酸钠等。

四、实验步骤

1. 碳糊电极的制备

称取 1.0g 的石墨粉和 0.28g 的硅油，将两者置于研钵中研磨 15min，直至得到均匀的糊状混合物，然后将糊状混合物填充入 0.3mm 电极管中，在称量纸上将电极表面打磨至镜面。

2. 鸟嘌呤溶液的配制

称取 0.4g NaOH 于 100mL 二次水中，配制 0.1mol·L^{-1} NaOH。在分析天平上准确称取 0.0756g 鸟嘌呤，以 0.1mol·L^{-1} NaOH 溶解，并转移至 50mL 容量瓶内，得到 0.01mol·L^{-1} 鸟嘌呤溶液。

称取 0.19g 冰醋酸、0.15g 醋酸钠，溶于二次水中，配制成 0.1mol·L^{-1} pH 为 4.5 的醋酸缓冲溶液。以此缓冲溶液稀释 0.01mol·L^{-1} 鸟嘌呤溶液，得到 40μmol·L^{-1}、60μmol·L^{-1}、80μmol·L^{-1}、100μmol·L^{-1}、150μmol·L^{-1}、200μmol·L^{-1}、250μmol·L^{-1} 一系列浓度的鸟嘌呤标准溶液。

3. DPV 检测鸟嘌呤

以 0.1mol·L^{-1} pH 4.5 的醋酸缓冲溶液为支持电解质，以碳糊电极为工作电极，Ag-AgCl电极为参比电极和铂丝对电极组成常规的三电极系统，在 CHI660E 电化学工作站上采用 DPV 对 40μmol·L^{-1}、60μmol·L^{-1}、80μmol·L^{-1}、100μmol·L^{-1}、150μmol·L^{-1}、200μmol·L^{-1}、250μmol·L^{-1} 一系列浓度的鸟嘌呤标准溶液进行电化学测定，记录电流峰高值，绘制标准曲线。

取一未知浓度鸟嘌呤溶液，以同样的方法检测，记录电流峰高值。DPV 设置参数如表 1 所示。

表 1　DPV 参数设置

参数名称	参数值
初始电位(Init E)/V	0.4
终点电位(Final E)/V	1.6
电位增量(Incr E)/V	0.01
脉冲幅度(Amplitude)/V	0.04
脉冲宽(Pulse Width)/s	0.2
采样宽度(Sample Width)/s	0.02
脉冲周期(Pulse Period)/s	0.5
静置时间(Quiet time)/s	2
灵敏度(Sensitivity)/A·V^{-1}	1×10^{-4}

五、数据记录与处理

表 2　鸟嘌呤标准溶液的测定

鸟嘌呤浓度	电流峰高值		
	1	2	3
40μmol·L^{-1}			
60μmol·L^{-1}			

续表

鸟嘌呤浓度	电流峰高值		
	1	2	3
80μmol·L^{-1}			
100μmol·L^{-1}			
150μmol·L^{-1}			
200μmol·L^{-1}			
250μmol·L^{-1}			
未知样			

注：要求所得标准曲线相关性系数为 0.99 以上。

六、思考题

1. 配制鸟嘌呤溶液时，为什么先用 NaOH 溶解，后用缓冲溶液配制？
2. 碳糊电极中石墨粉和硅油的比例是一定的吗？如果变化，会产生什么影响？
3. 除了鸟嘌呤，还有其他物质可用此方法进行检测吗？

实验三 免仪器定量检测 Ag^+

一、实验目的

1. 了解免仪器定量比色分析法和基本计算公式的运用。
2. 掌握免仪器定量检测 Ag^+ 的测定原理。
3. 掌握“逐滴”滴加的操作方式及移液枪的正确使用方法。

二、实验原理

Ag^+ 溶液和 3,3′,5,5′-四甲基联苯胺反应后，后者被氧化为具有醌式结构的蓝色产物，导致反应液显蓝色。以甲酰胺作为 3,3′,5,5′-四甲基联苯胺的溶剂并置于注射器中，再将配制好的 Ag^+ 溶液逐滴加入其中，可观察到明显有颜色分层现象，并且显色高度和 Ag^+ 浓度为线性相关。

三、仪器与试剂

1. 仪器

旋涡混合器，超声波清洗机，1mL 精密注射器，紫外-可见分光光度计，10mL 容量瓶，烧杯，玻璃棒，分析天平，移液枪，直尺，泡沫板。

2. 试剂

脂溶性 3,3′,5,5′-四甲基联苯胺（s，AR），甲酰胺（l，AR），硝酸银（s，AR）；二次水。

四、实验步骤

1. 注射器的预处理

首先，将购置的 1mL 注射器拆开包装，卸下针头，将注射器的内芯杆拔出；然后，将注射器切割成合适的长度；最后，将有塑料活塞的一端整齐排列在干净的泡沫板上备用。

2. 3,3′,5,5′-四甲基联苯胺溶液的配制

用分析天平称取 0.6008g 3,3′,5,5′-四甲基联苯胺，以甲酰胺为溶剂，用 10mL 容量

瓶配制成浓度为 2.5mmol·L^{-1}的 3,3′,5,5′-四甲基联苯胺溶液。

3. Ag^+标准溶液的配制

用分析天平称取 0.0169g 硝酸银，用 10mL 容量瓶配制成 10mmol·L^{-1}的 Ag^+母液。然后稀释成浓度依次为 0.03125mmol·L^{-1}、0.0625mmol·L^{-1}、0.125mmol·L^{-1}、0.25mmol·L^{-1}、0.5mmol·L^{-1}、1mmol·L^{-1}、2mmol·L^{-1}和 4mmol·L^{-1}的 Ag^+标准溶液。

4. Ag^+溶液标准曲线的绘制

先移取 100μL 由甲酰胺配制的合适浓度的 3,3′,5,5′-四甲基联苯胺溶液于制备好的注射器中，再采用“逐滴”滴加的方式，将 50μL Ag^+溶液加到注射器中。待反应溶液稳定后，肉眼简单观察注射器外壁与有色溶液长度相关的刻度数（或使用直尺准确测量注射器中有色溶液的长度）。

5. 未知浓度 Ag^+溶液的测定

将 50μL 未知浓度 Ag^+溶液逐滴滴加至 100μL 3,3′,5,5′-四甲基联苯胺溶液中，待溶液稳定后，肉眼简单观察注射器外壁与有色溶液长度相关的刻度数（或使用直尺准确测量注射器中有色溶液的长度）。

五、数据记录与处理

表 1 Ag^+标准曲线的绘制

项目	1#	2#	3#	4#	5#	6#	7#	8#	9#
c_{Ag^+}/mmol·L^{-1}									
刻度数/格									
测量长度/cm									

使用作图软件计算出标准曲线以及相关系数 R^2。使用刻度数为简单定量分析，使用测量长度为精确定量分析：

$$y=ax+b$$

式中 y——刻度数，格（或测量长度，cm）；

x——Ag^+溶液浓度，mmol·L^{-1}；

a——标准曲线的斜率；

b——标准曲线的截距。

表 2 未知浓度 Ag^+溶液的测定

项目	刻度数/格	测量长度/cm
有色部分		
c_{Ag^+}/mmol·L^{-1}		

分别通过简单定量分析和精确定量分析的标准曲线算出未知液的浓度：

$$x=\frac{y-b}{a}$$

式中　y——刻度数，格（或测量长度，cm）；

x——Ag^{+}溶液浓度，$mmol \cdot L^{-1}$；

a——标准曲线的斜率；

b——标准曲线的截距。

实验四 近红外荧光碳点的微波合成及其 Fe^{3+} 检测应用

一、实验目的

1. 了解荧光碳点的概念、发光特性与优点。
2. 掌握利用对苯二胺结合微波法快速合成近红外荧光碳点的方法。
3. 学会荧光淬灭法检测重金属离子。

二、实验原理

1. 碳点的概念、基本性质与制备方法

碳点（或碳量子点）一般被认为是粒径在 1～10nm 之间、具有荧光性质的碳基零维纳米材料。碳点具有高度光稳定性、抗光漂白性等优异的光学性质，还具有原料来源广、制备成本低、水溶性良好、毒性低、环境友好、生物相容性好等诸多优点。

碳点比较明显的一个特征就是在紫外区 260～320nm 处可出现一个特征吸收峰。由于碳点的带隙也在可见光区范围内，所以具有光致发光的性质，即用一定激发波长的光照射后，碳点会发生电子跃迁从而产生一定波长的荧光，这也是碳点最大的优点之一。光致发光还分为激发依赖型和非激发依赖型，前者的发射波长会随激发波长的改变而改变，产生红移现象，而后者不会。除此外，碳点还具有化学发光、电化学发光的性质，但目前对碳点的具体发光机理还没有统一的说法，仍有待探索。

由于碳点主要由 C 元素组成，理论上只要含有碳源就能制得碳点。目前，碳点的制备从原理上可分为自下而上法和自上而下法。顾名思义，自上而下法就是把大块的碳源经过物理切割、激光消融等手段得到粒径在 1～10nm 的碳纳米颗粒的方法。自下而上法则是把含碳小分子经过碳化缩合等途径得到粒径在 1～10nm 的碳纳米颗粒的方法。根据碳点的合成途径不同又可以分成激光烧蚀法、电化学合成法、电弧放电法、微波法、水热法等。其中微波法因其具有仪器低廉、合成快速等特点，近年来备受关注。

2. 微波法制备近红外荧光碳点

微波是一种具有较宽波长范围的电磁波，被广泛应用到日常生活和科学研究中。与激光类似，微波可以提供较高的能量来破坏物质的化学键。本实验利用对苯二胺结合微波法快速合成近红外荧光碳点。在微波加热过程中，对苯二胺发生热解，进而聚集、生长成一定尺寸的颗粒，颗粒进一步发生氧化与表面钝化（及功能化），最终得到荧光发射波长位于 575nm 左右（荧光激发波长为 400nm）的近红外荧光碳点。

3. 荧光淬灭法检测 Fe^{3+}

本实验中制备的近红外荧光碳点的荧光可被三价铁离子 Fe^{3+} 特异性淬灭。碳点表面的氨基等功能基团先螯合 Fe^{3+}，随后碳点作为电子供体、Fe^{3+} 作为电子受体，二者发生电子转移导致碳点荧光淬灭。基于此性质即可建立一种荧光淬灭法用于 Fe^{3+} 的定量检测。

三、仪器与试剂

1. 仪器

家用微波炉，荧光仪，电子天平，涡旋混合器。

2. 试剂

乙二醇（l，AR），乙醇（l，AR），对苯二胺（s，AR），硝酸铁（s，AR）。

四、实验步骤

1. 近红外荧光碳点的合成

用电子天平称取 0.081g 对苯二胺固体，转移至 1.5mL 离心管内，并加入 1mL 乙醇，使用涡旋混合器摇匀使其完全溶解。另取 1mL 乙二醇溶液加入 10mL 玻璃瓶中，取已配制好的对苯二胺溶液 100μL 加入乙二醇溶液，摇晃均匀。将玻璃瓶置于家用微波炉中，中挡火反应 35min 后取出。所得溶液为近红外荧光碳点的母液。使用去离子水将该母液稀释 500 倍后用作碳点的工作液。

2. Fe^{3+} 校正样和未知样的配制

校正样：以硝酸铁［$Fe(NO_3)_3$］为溶质，用水为溶剂，配制浓度分别为 62.5μmol·L^{-1}、31.2μmol·L^{-1}、15.6μmol·L^{-1}、7.8μmol·L^{-1}、3.9μmol·L^{-1}、1.9μmol·L^{-1}（编号 1 至 6 号）的 6 个 Fe^{3+} 校正样。

未知样：在 62.5～1.9μmol·L^{-1}之间随意选取 3 个浓度，配制三个未知样（编号为 1′～3′）。

3. 荧光仪参数设置

表 1　荧光参数设置

参数名称	参数值
激发波长(EX WL)	380.0nm
发射起始波长(EM Start WL)	420.0nm
发射终止波长(EM End WL)	740.0nm
扫描速度(Scan speed)	1200nm·min^{-1}
延时(Delay)	0.0s
激发狭缝(EX Slit)	5.0nm
发射狭缝(EM Slit)	5.0nm

续表

参数名称	参数值
光电倍增负高压(PMT Voltage)	700V
响应时间(Response)	2.0s
校正光谱(Corrected spectra)	Off
光闸控制(Shutter control)	On
峰积分(Peak integration)	矩形(Rectangular)
灵敏度(Sensitivity)	1
阈值(Threshold)	1.000

4. Fe^{3+}的检测

在1.5mL离心管中，用移液枪分别准确加入500μL稀释至500倍的近红外碳点和500μL Fe^{3+}校正样或未知样溶液，在室温下混合均匀后，加入比色皿中，在激发波长400nm下进行荧光测量，记录发射波长420～740nm范围的荧光发射光谱。发射波长575nm处的荧光强度记录为F_{575}。

五、数据记录与处理

表2 标准曲线的绘制

样品编号	Fe^{3+}浓度/$\mu mol \cdot L^{-1}$	F_{575}
1	62.5	F_{575-1}
2	31.2	F_{575-2}
3	15.6	F_{575-3}
4	7.8	F_{575-4}
5	3.9	F_{575-5}
6	1.9	F_{575-6}

以Fe^{3+}浓度为x轴，以荧光强度F_{575}为y轴，绘制校正曲线，获得线性方程：$Y=aX+b$。

表3 未知水样中Fe^{3+}测定

样品编号	F_{575}	Fe^{3+}浓度/$\mu mol \cdot L^{-1}$
1′	$F_{575-1'}$	$c_{1'}$
2′	$F_{575-2'}$	$c_{2'}$
3′	$F_{575-3'}$	$c_{3'}$

Fe^{3+}浓度$c_{1'\sim 3'}$计算公式：$x=(y-b)/a$。

式中，x为Fe^{3+}浓度$c_{1'\sim 3'}$，$\mu mol \cdot L^{-1}$；y为测量未知样所得荧光强度F_{575}；b为y轴截距；a为斜率。

附　录

附录1　元素名称及其原子量表

（按照原子序数排列，以$^{12}C=12$为基准）

元素			原子序数	原子量	元素			原子序数	原子量
符号	名称	英文名			符号	名称	英文名		
H	氢	Hydrogen	1	1.00794±7	Co	钴	Cobalt	27	58.9332
He	氦	Helium	2	4.00260	Ni	镍	Nickel	28	58.69
Li	锂	Lithium	3	6.9411±3	Cu	铜	Copper	29	63.546±3
Be	铍	Beryllium	4	9.01218	Zn	锌	Zinc	30	65.38
B	硼	Boron	5	10.81	Ga	镓	Gallium	31	69.72
C	碳	Carbon	6	12.011	Ge	锗	Germanium	32	72.59±3
N	氮	Nitrogen	7	14.0067	As	砷	Arsenic	33	74.9216
O	氧	Oxygen	8	15.9994±3	Se	硒	Selenium	34	78.96±3
F	氟	Fluorine	9	18.998403	Br	溴	Bromine	35	79.904
Ne	氖	Neon	10	20.179	Kr	氪	Krypton	36	83.80
Na	钠	Sodium	11	22.98977	Rb	铷	Rubidium	37	85.4678±3
Mg	镁	Magnesium	12	24.305	Sr	锶	Strontium	38	87.62
Al	铝	Aluminum	13	26.98154	Y	钇	Yttium	39	88.9059
Si	硅	Silicon	14	28.0855±3	Zr	锆	Zirconium	40	91.22
P	磷	Phosphorus	15	30.97376	Nb	铌	Niobium	41	92.9064
S	硫	Sulphur	16	32.06	Mo	钼	Molybdenium	42	95.94
Cl	氯	Chlorine	17	35.453	Tc	锝	Technetium	43	(98)
Ar	氩	Argon	18	39.948	Ru	钌	Ruthenium	44	101.07±3
K	钾	Potassium	19	39.0983	Rh	铑	Rhodium	45	102.9055
Ca	钙	Calcium	20	40.08	Pd	钯	Palladium	46	106.42
Sc	钪	Scandium	21	44.9559	Ag	银	Silver	47	107.8682±3
Ti	钛	Titanium	22	47.88±3	Cd	镉	Cadmium	48	112.41
V	钒	Vanadium	23	50.9415	In	铟	Indium	49	114.82
Cr	铬	Chromium	24	51.996	Sn	锡	Tin	50	118.6913
Mn	锰	Manganese	25	54.9380	Sb	锑	Antimony	51	121.75±3
Fe	铁	Iron	26	55.847±3	Te	碲	Tellurium	52	127.6013

续表

元素			原子序数	原子量	元素			原子序数	原子量
符号	名称	英文名			符号	名称	英文名		
I	碘	Iodine	53	126.9045	Rn	氡	Radon	86	(222)
Xe	氙	Xenon	54	131.29±3	Fr	钫	Francium	87	(223)
Cs	铯	Caesium	55	132.9054	Ra	镭	Radium	88	226.0254
Ba	钡	Barium	56	137.33	Ac	锕	Actinium	89	227.078
La	镧	Lanthanum	57	138.9055	Th	钍	Thorium	90	232.0381
Ce	铈	Cerium	58	140.12	Pa	镤	Protactinium	91	231.0359
Pr	镨	Praseodymium	59	140.9077	U	铀	Uranium	92	238.029
Nd	钕	Neodymium	60	144.24	Np	镎	Neptunium	93	237.0482
Pm	钷	Promethium	61	(145)	Pu	钚	Plutonium	94	244.06(243)
Sm	钐	Samarium	62	150.36±3	Am	镅	Americium	95	243.06
Eu	铕	Europium	63	151.96	Cm	锔	Curium	96	247.07
Gd	钆	Gadolinium	64	157.25±3	Bk	锫	Berkelium	97	247.07
Tb	铽	Terbium	65	158.9254	Cf	锎	Californium	98	251.08
Dy	镝	Dysprosium	66	162.50±3	Es	锿	Einsteinium	99	252.08
Ho	钬	Holmium	67	164.9304	Fm	镄	Fermium	100	257.10
Er	铒	Erbium	68	167.26±3	Md	钔	Mendelvium	101	258.10
Tm	铥	Thulium	69	168.9342	No	锘	Nobelium	102	259.10
Yb	镱	Ytterbium	70	173.0413	Lr	铹	Lawrencium	103	260.11
Lu	镥	Lutetium	71	174.967	Rf	𬬻	Rutherfordium	104	261.11
Hf	铪	Hafnium	72	178.49±3	Db	𬭊	Dubnium	105	262.11
Ta	钽	Tantalum	73	180.9479	Sg	𬭳	Seaborgium	106	263.12
W	钨	Tungsten	74	183.85±3	Bh	𬭛	Bohrium	107	264.12
Re	铼	Rhenium	75	186.207	Hs	𬭶	Hassium	108	265.13
Os	锇	Osmium	76	190.2	Mt	鿏	Meitnerium	109	266.13
Ir	铱	Iridium	77	192.22±3	Ds	𫟼	Darmstadtium	110	(269)
Pt	铂	Platinum	78	195.08±3	Rg	𬬭	Roentgenium	111	(272)
Au	金	Gold	79	196.9665	Cn	鿔	Copernicium	112	(277)
Hg	汞	Mercury	80	200.59±3	Nh	鿭	Nihonium	113	(278)
Tl	铊	Thallium	81	204.383	Fl	𫓧	Flerovium	114	(289)
Pb	铅	Lead	82	207.2	Mc	镆	Moscovium	115	(288)
Bi	铋	Bismuth	83	208.9804	Lv	𫟷	Livermorium	116	(289)
Po	钋	Polonium	84	(209)	Ts	鿬	Tennessine	117	
At	砹	Astatine	85	(210)	Og	鿫	Oganessian	118	

附录2 常用化合物的分子量表

Ag_3AsO_4	462.52	$Ca(OH)_2$	74.10
$AgBr$	187.77	$Ca_3(PO_4)_2$	310.18
$AgCl$	143.32	$CaSO_4$	136.14
$AgCN$	133.89	$CdCO_3$	172.42
$AgSCN$	165.95	$CdCl_2$	183.32
Ag_2CrO_4	331.73	CdS	144.47
AgI	234.77	$Ce(SO_4)_2$	332.24
$AgNO_3$	169.87	$Ce(SO_4) \cdot 4H_2O$	404.30
$AlCl_3$	133.34	$CoCl_2$	129.84
$AlCl_3 \cdot 6H_2O$	241.43	$CoCl_2 \cdot 6H_2O$	237.93
$Al(NO_3)_3$	213.00	$Co(NO_3)_2$	182.94
$Al(NO_3)_3 \cdot 9H_2O$	375.13	$Co(NO_3)_2 \cdot 6H_2O$	291.03
Al_2O_3	101.96	CoS	90.99
$Al(OH)_3$	78.00	$CoSO_4$	154.99
$Al_2(SO_4)_3$	342.14	$CoSO_4 \cdot 7H_2O$	281.10
$Al_2(SO_4)_3 \cdot 18H_2O$	666.41	$CO(NH_2)_2$	60.06
As_2O_3	197.84	$CrCl_3$	158.36
As_2O_5	229.84	$CrCl_3 \cdot 6H_2O$	266.45
As_2S_3	246.02	$Cr(NO_3)_3$	238.01
$BaCO_3$	197.34	Cr_2O_3	151.99
BaC_2O_4	225.35	$CuCl$	99.00
$BaCl_2$	208.24	$CuCl_2$	134.45
$BaCl_2 \cdot 2H_2O$	244.27	$CuCl_2 \cdot 2H_2O$	170.48
$BaCrO_4$	253.32	$CuSCN$	121.62
BaO	153.33	CuI	190.45
$Ba(OH)_2$	171.34	$Cu(NO_3)_2$	187.56
$BaSO_4$	233.39	$Cu(NO_3)_2 \cdot 3H_2O$	241.60
$BiCl_3$	315.34	CuO	79.55
$BiOCl$	260.43	Cu_2O	143.09
CO_2	44.01	CuS	95.61
CaO	56.08	$CuSO_4$	159.06
$CaCO_3$	100.09	$CuSO_4 \cdot 5H_2O$	249.68
CaC_2O_4	128.10	$FeCl_2$	126.75
$CaCl_2$	110.99	$FeCl_2 \cdot 4H_2O$	198.81
$CaCl_2 \cdot 6H_2O$	219.08	$FeCl_3$	162.21
$Ca(NO_3)_2 \cdot 4H_2O$	236.15	$FeCl_3 \cdot 6H_2O$	270.30

续表

$FeNH_4(SO_4)_2 \cdot 12H_2O$	482.18	$Hg_2(NO_3)_2$	525.19
$Fe(NO_3)_3$	241.86	$Hg_2(NO_3)_2 \cdot 2H_2O$	561.22
$Fe(NO_3)_3 \cdot 9H_2O$	404.00	$Hg(NO_3)_2$	324.60
FeO	71.85	HgO	216.59
Fe_2O_3	159.69	HgS	232.65
Fe_3O_4	231.54	$HgSO_4$	296.65
$Fe(OH)_3$	106.87	Hg_2SO_4	497.24
FeS	87.91	$KAl(SO_4)_2 \cdot 12H_2O$	474.38
Fe_2S_3	207.87	KBr	119.00
$FeSO_4$	151.91	$KBrO_3$	167.00
$FeSO_4 \cdot 7H_2O$	278.01	KCl	74.55
$Fe(NH_4)_2(SO_4)_2 \cdot 6H_2O$	392.13	$KClO_3$	122.55
H_3AsO_3	125.94	$KClO_4$	138.55
H_3AsO_4	141.94	KCN	65.12
H_3BO_3	61.83	KSCN	97.18
HBr	80.91	K_2CO_3	138.21
HCN	27.03	K_2CrO_4	194.19
HCOOH	46.03	$K_2Cr_2O_7$	294.18
CH_3COOH	60.05	$K_3Fe(CN)_6$	329.25
H_2CO_3	62.03	$K_4Fe(CN)_6$	368.35
$H_2C_2O_4$	90.04	$KFe(SO_4)_2 \cdot 12H_2O$	503.24
$H_2C_2O_4 \cdot 2H_2O$	126.07	$KHC_2O_4 \cdot H_2O$	146.14
HCl	36.46	$KHC_2O_4 \cdot H_2C_2O_4 \cdot 2H_2O$	254.19
HF	20.01	$KHC_4H_4O_6$	188.18
HI	127.91	$KHC_8H_4O_4$	204.22
HIO_3	175.91	$KHSO_4$	136.16
HNO_3	63.01	KI	166.00
HNO_2	47.01	KIO_3	214.00
H_2O	18.015	$KIO_3 \cdot HIO_3$	389.91
H_2O_2	34.02	$KMnO_4$	158.03
H_3PO_4	98.00	$KNaC_4H_4O_6 \cdot 4H_2O$	282.22
H_2S	34.08	KNO_3	101.10
H_2SO_3	82.07	KNO_2	85.10
H_2SO_4	98.07	KOH	56.11
$Hg(CN)_2$	252.63	K_2SO_4	174.25
$HgCl_2$	271.50	$MgCO_3$	84.31
Hg_2Cl_2	472.09	$MgCl_2$	95.21
HgI_2	454.40	$MgCl_2 \cdot 6H_2O$	203.30

续表

MgC_2O_4	112.33	$Na_2CO_3 \cdot 10H_2O$	286.14
$Mg(NO_3)_2 \cdot 6H_2O$	256.41	$Na_2C_2O_4$	134.00
$MgNH_4PO_4$	137.32	CH_3COONa	82.03
MgO	40.30	$CH_3COONa \cdot 3H_2O$	136.08
$Mg(OH)_2$	58.32	$NaCl$	58.44
$Mg_2P_2O_7$	222.55	$NaClO$	74.44
$MgSO_4 \cdot 7H_2O$	246.47	$NaHCO_3$	84.01
$MnCO_3$	114.95	$Na_2HPO_4 \cdot 12H_2O$	358.14
$MnCl_2 \cdot 4H_2O$	197.91	$Na_2H_2Y \cdot 2H_2O$	372.24
$Mn(NO_3)_2 \cdot 6H_2O$	287.04	$NaNO_2$	69.00
MnO	70.94	$NaNO_3$	85.00
MnO_2	86.94	Na_2O	61.98
MnS	87.00	Na_2O_2	77.98
$MnSO_4$	151.00	$NaOH$	40.00
$MnSO_4 \cdot 4H_2O$	223.06	Na_3PO_4	163.94
NO	30.01	Na_2S	78.04
NO_2	46.01	$Na_2S \cdot 9H_2O$	240.18
NH_3	17.03	Na_2SO_3	126.04
CH_3COONH_4	77.08	Na_2SO_4	142.04
NH_4Cl	53.49	$Na_2S_2O_3$	158.10
$(NH_4)_2CO_3$	96.09	$Na_2S_2O_3 \cdot 5H_2O$	248.17
$(NH_4)_2C_2O_4$	124.10	$NiCl_2 \cdot 6H_2O$	237.70
$(NH_4)_2C_2O_4 \cdot H_2O$	142.11	NiO	74.70
NH_4SCN	76.12	$Ni(NO_3)_2 \cdot 6H_2O$	290.80
NH_4HCO_3	79.06	NiS	90.76
$(NH_4)_2MoO_4$	196.01	$NiSO_4 \cdot 7H_2O$	280.86
NH_4NO_3	80.04	P_2O_5	141.95
$(NH_4)_2HPO_4$	132.06	$PbCO_3$	267.21
$(NH_4)_2S$	68.14	PbC_2O_4	295.22
$(NH_4)_2SO_4$	132.13	$PbCl_2$	278.11
NH_4VO_3	116.98	$PbCrO_4$	323.19
$NaAsO_3$	191.89	$Pb(CH_3COO)_2$	325.29
$Na_2B_4O_7$	201.22	$Pb(CH_3COO)_2 \cdot 3H_2O$	379.34
$Na_2B_4O_7 \cdot 10H_2O$	381.37	PbI_2	461.01
$NaBiO_3$	279.97	$Pb(NO_3)_2$	331.21
$NaCN$	49.01	PbO	223.20
$NaSCN$	81.07	PbO_2	239.20
Na_2CO_3	105.99	$Pb_3(PO_4)_2$	811.54

续表

PbS	239.26	SrC_2O_4	175.64
$PbSO_4$	303.26	$SrCrO_4$	203.61
SO_3	80.06	$Sr(NO_3)_2$	211.63
SO_2	64.06	$Sr(NO_3)_2 \cdot 4H_2O$	283.69
$SbCl_3$	228.11	$SrSO_4$	183.69
$SbCl_5$	299.02	$UO_2(CH_3COO)_2 \cdot 2H_2O$	424.15
Sb_2O_3	291.50	$ZnCO_3$	125.39
Sb_2S_3	339.68	ZnC_2O_4	153.40
SiF_4	104.08	$ZnCl_2$	136.29
SiO_2	60.08	$Zn(CH_3COO)_2$	183.47
$SnCl_2$	189.60	$Zn(CH_3COO)_2 \cdot 2H_2O$	219.50
$SnCl_2 \cdot 2H_2O$	225.63	$Zn(NO_3)_2$	189.39
$SnCl_4$	260.50	$Zn(NO_3)_2 \cdot 6H_2O$	297.48
$SnCl_4 \cdot 5H_2O$	350.58	ZnO	81.38
SnO_2	150.69	ZnS	97.44
SnS_2	150.75	$ZnSO_4$	161.44
$SrCO_3$	147.63	$ZnSO_4 \cdot 7H_2O$	287.55

附录 3 化学试剂等级对照表

质量次序		1	2	3	4	5
我国化学试剂等级和符号	等级	一级品	二级品	三级品	四级品	生物试剂
		保证试剂	分析试剂	化学纯	医用	
		优级纯	分析纯	纯	实验试剂	
	符号	GR	AR	CP,P	LR	BR,CR
	瓶签颜色	绿色	红色	蓝色	棕色等	黄色等
德、美、英等国通用等级和符号		GR	AR	CP		

附录 4 常用酸碱试剂的密度、含量和近似浓度

名称	化学式	密度/$g \cdot cm^{-3}$	体积分数/%	近似浓度/$mol \cdot L^{-1}$
盐酸	HCl	1.18～1.19	36～38	12
硝酸	HNO_3	1.40～1.42	67～72	15～16

续表

名称	化学式	密度/g·cm^{-3}	体积分数/%	近似浓度/mol·L^{-1}
硫酸	H_2SO_4	1.83～1.84	95～98	18
磷酸	H_3PO_4	1.69	不小于85	15
高氯酸	$HClO_4$	1.68	70～72	12
冰醋酸	CH_3COOH	1.05	不小于99	17
甲酸	HCOOH	1.22	不小于88	23
氢氯酸	HCl	1.15	不小于40	23
氢溴酸	HBr	1.38	不小于40	6.8
氨水	$NH_3 \cdot H_2O$	0.90	25～28(NH_3)	14

附录5 常用指示剂

1. 酸碱指示剂

指示剂	变色范围[①] pH	颜色变化	pK_{HIn}	浓度	用量(滴/10mL试液)
百里酚蓝	1.2～2.8	红～黄	1.65	0.1%的20%乙醇溶液	1～2
甲基黄	2.9～4.0	红～黄	3.25	0.1%的90%乙醇溶液	1
甲基橙	3.1～4.4	红～黄	3.45	0.05%的水溶液	1
溴酚蓝	3.0～4.6	黄～紫	4.1	0.1%的20%乙醇溶液或其钠盐水溶液	1
溴甲酚绿	4.0～5.6	黄～蓝	4.9	0.1%的20%乙醇溶液或其钠盐水溶液	1～3
甲基红	4.4～6.2	红～黄	5.0	0.1%的60%乙醇溶液或其钠盐水溶液	1
溴百里酚蓝	6.2～7.6	黄～蓝	7.3	0.1%的20%乙醇溶液或其钠盐水溶液	1
中性红	6.8～8.0	红～黄橙	7.4	0.1%的60%乙醇溶液	1
苯酚红	6.8～8.4	黄～红	8.0	0.1%的60%乙醇溶液或其钠盐水溶液	1
酚酞	8.0～10.0	无～红	9.1	0.5%的90%乙醇溶液	1
百里酚蓝	8.0～9.6	黄～蓝	8.9	0.1%的20%乙醇溶液	1～4
百里酚酞	9.4～10.6	无～蓝	10.0	0.1%的90%乙醇溶液	1～2

① 指室温下，水溶液中各种指示剂的变色范围。实际上，当温度改变或溶剂不同时，指示剂的变色范围将有变动。另外，溶液中盐类的存在也会影响指示剂的变色范围。

2. 氧化还原指示剂

名称	配制	φ/V(pH=0)	氧化型颜色	还原型颜色
二苯胺	1%浓硫酸溶液	+0.76	紫	无色
二苯胺磺酸钠	0.2%水溶液	+0.85	红紫	无色
邻苯氨基苯甲酸	0.2%水溶液	+0.89	红紫	无色

3. 络合指示剂

名称	配制	用于测定		
		元素	颜色变化	测定条件
酸性铬蓝K	0.1%乙醇溶液	Ca Mg	红～蓝 红～蓝	pH=12 pH=10(氨性缓冲溶液)
钙指示剂	与NaCl配成1∶100的固体混合物	Ca	酒红～蓝	pH>12(KOH或NaOH)
铬黑T	与NaCl配成1∶100的固体混合物，或将0.5g铬黑T溶于含有25mL三乙醇胺及75mL无水乙醇的溶液中	Al Bi Ca Cd Mg Mn Ni Pb Zn	蓝～红 蓝～红 红～蓝 红～蓝 红～蓝 红～蓝 红～蓝 红～蓝 红～蓝	pH 7～8，吡啶存在下，以Zn^{2+}回滴 pH=9～10，以Zn^{2+}回滴 pH=10，加入EDTA-Mg pH=10(氨性缓冲溶液) pH=10(氨性缓冲溶液) 氨性缓冲溶液，加羟胺 氨性缓冲溶液 氨性缓冲溶液，加酒石酸钾 pH=6.8～10(氨性缓冲溶液)
O-PAN	0.1%乙醇(或甲醇溶液)	Cd Co Cu Zn	红～黄 黄～红 紫～黄 红～黄 粉红～黄	pH=6(醋酸缓冲溶液) 醋酸缓冲溶液，70～80℃，以Cu^{2+}离子回滴 pH=10(氨性缓冲溶液) pH=6(醋酸缓冲溶液) pH=5～7(醋酸缓冲溶液)
磺基水杨酸	1%～2%水溶液	Fe(Ⅲ)	红紫～黄	pH=1.5～3
二甲酚橙	0.5%乙醇(或水)溶液	Bi Cd Pb Th(Ⅳ) Zn	红～黄 粉红～黄 红紫～黄 红～黄 红～黄	pH=1～2$(HNO)_3$ pH=5～6(六次甲基四胺) pH=5～6(六次甲基四胺) pH=1.6～3.5(HNO_3) pH=5～6(醋酸缓冲溶液)

附录6 滴定分析常用基准物质

标定对象	基准物质		干燥后组成	干燥条件/℃
	名称	化学式		
酸	碳酸氢钠 十水合碳酸钠 无水碳酸钠 碳酸氢钾 硼砂	$NaHCO_3$ $Na_2CO_3\cdot10H_2O$ Na_2CO_3 $KHCO_3$ $Na_2B_4O_7\cdot10H_2O$	Na_2CO_3 Na_2CO_3 Na_2CO_3 K_2CO_3 $Na_2B_4O_7\cdot10H_2O$	270～300 270～300 270～300 270～300 放在装有NaCl和蔗糖饱和溶液的干燥器中
碱或 $KMnO_4$碱	二水合草酸 邻苯二甲酸氢钾	$H_2C_2O_4\cdot2H_2O$ $KHC_8H_4O_4$	$H_2C_2O_4\cdot2H_2O$ $KHC_8H_4O_4$	室温空气干燥 105～110
还原剂	重铬酸钾 溴酸钾 碘酸钾 铜	$K_2Cr_2O_7$ $KBrO_3$ KIO_3 Cu	$K_2Cr_2O_7$ $KBrO_3$ KIO_3 Cu	120 180 180 室温干燥器中保存

续表

标定对象	基准物质		干燥后组成	干燥条件/℃
	名称	化学式		
氧化剂	三氧化二砷 草酸钠	As_2O_3 $Na_2C_2O_4$	As_2O_3 $Na_2C_2O_4$	硫酸干燥器中保存 105
EDTA	碳酸钙 锌 氧化锌	$CaCO_3$ Zn ZnO	$CaCO_3$ Zn ZnO	110 室温干燥器中保存 800
$AgNO_3$	氯化钠 氯化钾	NaCl KCl	NaCl KCl	500～550 500～550
氯化物	硝酸银	$AgNO_3$	$AgNO_3$	硫酸干燥器中保存

参 考 文 献

[1] 武汉大学．分析化学实验．5 版．北京：高等教育出版社，2010.

[2] 华中师范大学，东北师范大学，陕西师范大学，等．分析化学实验．4 版．北京：高等教育出版社，2014.

[3] 林新华．分析化学实验指导．厦门：厦门大学出版社，2014.

[4] 季桂娟，齐菊锐，郑克岩，等．分析化学实验．北京：高等教育出版社，2017.

[5] 四川大学，浙江大学．分析化学实验．4 版．北京：高等教育出版社，2015.

[6] 邓玲灵．现代分析化学实验．长沙：中南大学出版社，2002.

[7] 蔡明招．分析化学实验．2 版．北京：化学工业出版社．

[8] 陈时洪．分析化学实验．北京：中国农业出版社，2013.

[9] 胡广林．分析化学实验．北京：化学工业出版社，2013.

[10] 叶芬霞．无机及分析化学实验．2 版．北京：高等教育出版社，2014.

[11] 中南民族大学分析化学实验编写组．分析化学实验．北京：化学工业出版社，2017.

[12] 南京大学《无机及分析化学实验》编写组．无机及分析化学实验．5 版．北京：高等教育出版社，2015.

[13] 柳玉英，王平，张道鹏．分析化学实验．北京：化学工业出版社，2018.

[14] 曾元儿．分析化学实验．北京：科学出版社，2014.

[15] 戴维斯．哈格．分析化学和定量分析：中文改编版．于湛，王莹，朱永春，等译．北京：机械工业出版社，2016.

[16] 曾鸽鸣．化验员必备知识与技能．北京：化学工业出版社，2015.

[17] 武汉大学．分析化学．6 版．北京：高等教育出版社，2016.

[18] 华中师范大学，等．分析化学．4 版．北京：高等教育出版社，2011.

[19] 于世林．分析化学．3 版．北京：化学工业出版社，2012.

[20] 胡育筑．分析化学．4 版．北京：科学出版社，2016.

[21] 陈媛梅．分析化学．北京：科学出版社，2016.

[22] 陈媛梅．分析化学实验．北京：科学出版社，2016.